Chemie
Anorganisch

Harald Gärtner

Compact Verlag

© 2003 Compact Verlag München
Alle Rechte vorbehalten. Nachdruck, auch
auszugsweise, nur mit ausdrücklicher
Genehmigung des Verlages gestattet.
Chefredaktion: Ilse Hell
Redaktion: Bianca Müller, Astrid Kaufmann
Redaktionsassistenz: Geraldine Tahmassebi
Gestaltung: Carsten Abelbeck
Umschlaggestaltung: Gabi Spiegl
Produktion: Wolfram Friedrich

ISBN 3-8174-7507-1
7275071

Besuchen Sie uns im Internet: www.compactverlag.de

Inhaltsverzeichnis

Vorwort	6

I. Einleitende Grundbegriffe — 7
1. Stoff, Gemenge und Reinstoff — 7
2. Zustände von Stoffen — 11
3. Grundreaktionen der Chemie — 12

II. Grundbausteine der Chemie — 14
1. Die Elemente — 14
2. Die Atome — 14
3. Die Moleküle — 20

III. Verhältnisse bei chemischen Reaktionen — 21
1. Massenverhältnisse — 21
2. Volumenverhältnisse — 22

IV. Die Formelsprache der Chemie — 25

V. Stöchiometrie — 27
1. Der Mol-Begriff — 28
2. Stöchiometrische Wertigkeit — 29

VI. Energieverhältnisse bei chemischen Reaktionen — 33

VII. Die chemische Bindung — 39
1. Die Ionenbindung — 39
2. Die Atombindung — 40

Inhaltsverzeichnis

	3. Die polare Bindung	44
	4. Die Metallbindung	46
VIII.	**Säure-Base-Reaktionen**	**48**
IX.	**Die Redoxreaktion**	**52**
	1. Oxidation und Reduktion	52
	2. Die Oxidationszahl	54
	3. Regeln zum Erstellen von Redoxreaktionen	56
X.	**Das chemische Gleichgewicht**	**59**
	1. Die Reaktionsgeschwindigkeit (v)	60
	2. Das Massenwirkungsgesetz (MWG)	60
	3. Das Löslichkeitsprodukt (L)	62
	4. Die Säure- und Basenstärke	64
	5. Der pH-Wert	66
XI.	**Elektrochemie**	**70**
	1. Galvanische Elemente	70
	2. Die Spannungsreihe der Elemente	71
	3. Die Nernstsche Gleichung	73
	4. Batterien	74
	5. Korrosionsvorgänge	78
XII.	**Das Periodensystem der Elemente**	**82**
XIII.	**Die Hauptgruppenelemente**	**85**
	1. Der Wasserstoff	85

2.	Die I. Hauptgruppe – Alkalimetalle	88
3.	Die II. Hauptgruppe – Erdalkalimetalle	100
4.	Die III. Hauptgruppe – Erdmetalle	107
5.	Die IV. Hauptgruppe – Kohlenstoffgruppe	115
6.	Die V. Hauptgruppe – Stickstoffgruppe	136
7.	Die VI. Hauptgruppe – Chalkogene	146
8.	Die VII. Hauptgruppe – Halogene	155
9.	Die VIII. Hauptgruppe – Edelgase	159

XIV. Die Nebengruppenelemente — 161

1. Die Ia – Kupfergruppe — 162
2. Die IIa – Zinkgruppe — 164
3. Die IIIa – Scandiumgruppe — 166
4. Die IVa – Titangruppe — 167
5. Die Va – Vanadiumgruppe — 168
6. Die VIa – Chromgruppe — 168
7. Die VIIa – Mangangruppe — 169
8. Die VIIIa – Eisen-Kobalt-Nickel-Gruppe — 170

XV. Schadstoffe und Umwelt — 172

Anhang — 177

Register — 180

Vorwort

Das aktuelle und praktische Nachschlagewerk konzentriert sich auf das Wesentliche und behandelt die Bereiche, die erfahrungsgemäß wichtig sind und dem Lernenden häufig Probleme bereiten.

Die Themen werden übersichtlich und leicht verständlich dargestellt. Eine kurze Einleitung zu Beginn jedes Kapitels gibt Basisinformationen zum jeweiligen Stoffgebiet. Wichtige Regeln, Sonderfälle und Hinweise sind zum leichteren Auffinden durch Symbole und Hervorhebungen gekennzeichnet. Zahlreiche Beispiele veranschaulichen die Regeln.

Erklärung der Symbole:

>!< Dieses Zeichen weist auf eine Regel oder einen Merksatz hin.

☺ Dieses Symbol kennzeichnet wichtige Zusatzinformationen, die für die praktische Verwendung der Regeln und Formeln hilfreich sind.

Die Beispiele befinden sich auf hellgrauen Spickzetteln.

Grundbegriffe

I. Einleitende Grundbegriffe

1. Stoff, Gemenge und Reinstoff

Der Stoffbegriff
Als Stoff bezeichnet man in der Chemie jede Art von Materie, die durch charakteristische Eigenschaften gekennzeichnet werden kann. So ist Holz ein Stoff, genauso wie Eisen, Stahl, Granit, Wasserdampf usw.

Die Gemenge
Gemenge (auch Stoffgemische) entstehen, wenn Stoffe gemischt werden.

Heterogene Gemenge (von griech. hetero = verschieden, anders):
Die Zusammensetzung aus unterschiedlichen Einzelbestandteilen ist optisch gut erkennbar.

<u>Rauch</u>, hier sind Feststoffe mit Gas (Luft) vermengt.
<u>Granit</u>, hier sind mehrere Feststoffe mit unterschiedlichster Farbe vermengt. <u>Emulsion</u>, hier sind sich nicht vermischende Flüssigkeiten, z. B. Öl und Wasser, miteinander vermengt. <u>Suspension</u>, hier sind Flüssigkeit und Feststoff, z. B. Erde und Wasser (Schlamm) miteinander vermengt. <u>Nebel</u>, hier sind Flüssigkeit und Gas, z. B. zerstäubtes Haarspray, miteinander vermengt.

Grundbegriffe

Homogene Gemenge (von griech. homo = gleich):
Sie sind optisch nicht als Gemenge erkennbar.
<u>Legierungen und Gläser</u> sind erstarrte Metallschmelzen verschiedener Metalle, bzw. Schmelzen von Quarzsand mit bestimmten Zuschlägen.
<u>Feststofflösungen</u> sind z. B. Salze oder Zucker in Wasser vollständig aufgelöst.
In <u>Flüssigkeitsgemengen</u> liegt ein Gemenge von unbegrenzt mischbaren Flüssigkeiten vor, z. B. Wasser und Alkohol.
Das bekannteste Beispiel für eine <u>Gasmischung</u> ist Luft, die aus Sauerstoff und Stickstoff, sowie Kohlenstoffdioxid, Edelgasen und anderen Gasen zusammengesetzt ist.

Trennung von Gemengen:
Sie erfolgt mit physikalischen Methoden.

<u>Destillation:</u>

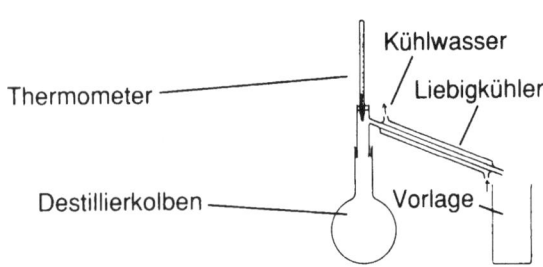

Grundbegriffe

Bei der Destillation werden Flüssigkeitsgemenge nach den unterschiedlichen Siedepunkten der Reinstoffe getrennt. Der Reinstoff mit dem niedrigeren Siedepunkt geht zuerst in die Gasphase über, kondensiert im Kühler und tropft in die Vorlage. Im Destillierkolben bleibt der Stoff mit dem höheren Siedepunkt zurück oder wird nach dem Wechsel der Vorlage herausdestilliert.

Filtration:

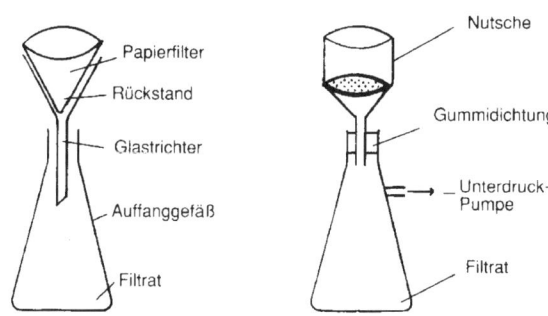

Auf diese Weise werden Suspensionen getrennt. Die Porengröße des Filters muss kleiner sein als die Korngröße des abzutrennenden Feststoffs. Meist werden Papierfilter verwendet. Der Feststoff bleibt als Rückstand im Filter. Die durchlaufende klare Flüssigkeit wird als Filtrat bezeichnet.
Der Filtriervorgang kann durch eine Nutsche beschleunigt werden. Dabei wird ein Porzellantrichter mit einem quer

Grundbegriffe

liegenden gelochten Boden als Auflage für einen Papierrundfilter verwendet. Durch Unterdruck wird dann das Filtrat abgesaugt.

Abdampfen:
Diese Methode wird dann gewählt, wenn der gelöste Feststoff ohne das Lösungsmittel erhalten bleiben soll. Die Lösung wird in einer Porzellanschale so lange erhitzt, bis das Lösungsmittel vollständig verdampft ist. Zurück bleibt der Feststoff. Er liegt dann in Pulverform oder in Form kleiner Kristalle vor.

Dekantieren:
Dies ist eine grobe Trennung von Suspensionen. Auf dem Boden des Gefäßes lagert sich der Feststoff ab. Die überstehende Flüssigkeit wird abgesaugt oder abgegossen.

Zentrifugieren:
Mit dieser Methode werden Suspensionen getrennt. Unter Nutzung der Fliehkräfte erfolgt die Trennung aufgrund der unterschiedlichen Dichte der Bestandteile, z. B. bei Wäscheschleudern.

Der Reinstoff

Reinstoffe haben bei einer bestimmten Temperatur und unter gleichem Druck immer dieselben (konstanten), aber nur für den jeweiligen Stoff zutreffenden physikalischen und chemischen Eigenschaften. Sie werden als das Ergebnis der Trennung von Gemengen erhalten.
Beispiele: Zuckerkristalle (nicht aber Zuckerwasser!); Sauerstoffgas (nicht aber Luft!), usw.

Grundbegriffe

2. Zustände von Stoffen

Die Zustandsarten der Stoffe
Der Aggregatzustand eines Stoffes wird durch die Anordnung der Teilchen bestimmt.

fest (solid (s)):
Die Teilchen liegen dicht beieinander und regelmäßig angeordnet an einem festen Platz. Sie schwingen an ihrem Platz. Die zwischen den Teilchen wirkenden Anziehungskräfte sind stark.

flüssig (liquid (l)):
Die Teilchen liegen dicht, haben aber keinen festen Platz und sind demzufolge gegeneinander verschiebbar. Ihre Bewegungen sind unregelmäßig. Die zwischen den Teilchen wirkenden Kräfte sind locker.

gasförmig (gaseous (g)):
Die Teilchen bewegen sich frei im Raum. Die zwischen den Teilchen wirkenden Kräfte sind sehr gering.

Die Zustandsänderungen der Stoffe
Unter Zustandsänderungen der Stoffe versteht man den Übergang von einem Aggregatzustand in einen anderen.

<u>Schmelzen:</u> Übergang von einem Feststoff zu einer Flüssigkeit bei Erwärmung.

Grundbegriffe

<u>Verdampfen:</u> Übergang von einer Flüssigkeit zu einem gasförmigen Stoff bei Erwärmung.
<u>Kondensieren:</u> Übergang vom gasförmigen Zustand in den flüssigen Zustand bei Abkühlung.
<u>Erstarren:</u> Übergang einer Flüssigkeit in einen Feststoff bei Abkühlung.
<u>Sublimieren:</u> Übergang eines Feststoffes in den gasförmigen Zustand bei Erwärmung.
<u>Resublimieren:</u> Übergang vom gasförmigen Zustand in einen Feststoff bei Abkühlung.

3. Grundreaktionen der Chemie

>!< Die chemische Reaktion

Eine chemische Reaktion ist eine Stoffumwandlung, bei der aus den Edukten (Ausgangsstoffen) die Produkte (Reaktionsprodukte) gebildet werden. Bei jeder chemischen Reaktion finden gleichzeitig Energieumwandlungen (Wärme- oder Lichterscheinungen) statt. Weitere Merkmale jeder chemischen Reaktion sind die Umlagerung der Teilchen und die Veränderung der Bindungsverhältnisse.

>!< Die Zersetzung (Analyse)

Durch Energiezufuhr zerfällt ein Reinstoff in neue Reinstoffe mit neuen physikalischen und chemischen Eigenschaften. Somit hat eine chemische Reaktion stattgefunden:

$$AB \rightarrow A + B$$

Grundbegriffe

Zersetzt man Wasser (AB) mit elektrischer Energie, so erhält man Sauerstoffgas (A) und Wasserstoffgas (B).

>!< Die Vereinigung (Synthese)
Aus zwei oder mehr Reinstoffen wird ein neuer Reinstoff aufgebaut, mit neuen physikalischen und chemischen Eigenschaften:

$$A + B \rightarrow AB$$

Eine Mischung von Wasserstoffgas (A) und Sauerstoffgas (B) reagiert zu Wasser (AB) unter Explosion. Verbindung (AB) ist ein neuer Reinstoff.

Umsetzungen
Die meisten chemischen Reaktionen gehören zu diesem Typ:

Einfache Umsetzung:
$AB + C \rightarrow BC + A$ oder: $AB + C \rightarrow AC + B$
Doppelte Umsetzung:
$AB + CD \rightarrow AC + BD$ oder: $AB + CD \rightarrow AD + BC$

Grundbausteine

II. Grundbausteine der Chemie

1. Die Elemente

Sie sind Reinstoffe, die sich auf chemischem Weg nicht mehr weiter zersetzen lassen. Sie können durch Analyse von Reinstoffen gewonnen werden. Bis heute sind 112 chemische Elemente entdeckt worden. Weitere Elemente können durch bestimmte physikalische Experimente (Kernfusionen) hergestellt werden.

>!<| Elementsymbole:
Sie werden durch Buchstaben symbolisiert, als Abkürzungen der lateinischen oder griechischen Namen der Elemente.

Symbol „O" von Oxygenium (griech.) steht für das Element Sauerstoff.
Symbol „H" von Hydrogenium (griech.) steht für das Element Wasserstoff.
Alle Elemente sind tabellarisch im Periodensystem der Elemente (PSE) zusammengefasst (siehe Periodensystem der Elemente).

2. Die Atome

Das Wort Atom leitet sich vom griechischen Wort „atomos" (unteilbar) ab.

Grundbausteine

?! Atome sind die kleinsten Masseteilchen der Elemente, die noch die Eigenschaften des jeweiligen Elementes aufweisen. Sie sind auf chemischem Weg nicht teilbar.

☺ Atome eines Elementes haben dieselben chemischen Eigenschaften. Atome verschiedener Elemente haben unterschiedliche Eigenschaften.
Atome bestehen aus Elementarteilchen (siehe Atombau).

Der Atombau – eine Modellvorstellung

Der Atomkern:
Nach E. Rutherford (1911) hat jedes Atom einen positiv geladenen Kern, der fast die gesamte Masse des Atoms beinhaltet. Er besteht aus zwei Arten von Nukleonen (Kernbausteine), die nahezu massegleich sind: den Protonen und den Neutronen. Das Proton trägt eine positive Elementarladung (= kleinste Einheit der elektrischen Ladung). Das Neutron ist ungeladen.

<u>Atomkerndurchmesser:</u>
Er beträgt ca. 10^{-13} cm.

<u>Isotope:</u>
Darunter versteht man die Atome eines Elementes, die zwar die gleiche Protonenzahl aufweisen, aber unterschiedliche Neutronenzahlen haben.

<u>Protonenzahl:</u>
Sie gibt die Anzahl der Protonen im Kern an und ist für jedes Atom eines Elementes gleich.

Grundbausteine

Neutronenzahl:
Für die Chemie spielt sie keine Rolle. Bei den leichten Elementen ist sie gleich der Protonenzahl, bei den schwereren nimmt sie gegenüber der Protonenzahl stark zu.

Die Elektronenhülle:
Nach der Modellvorstellung von N. Bohr (1913) umkreisen Elektronen als Träger der negativen Elementarladung den Atomkern.

>!< Da jedes Atom elektrisch neutral ist, befinden sich stets so viele Elektronen in der Hülle, wie Protonen im Kern.

☺ Die Elektronen befinden sich auf ganz bestimmten, gedachten konzentrischen Kugelschalen, deren gemeinsamer Mittelpunkt der Atomkern ist.
Die Schalen werden von innen nach außen mit den Buchstaben K, L, M, N, O, P und Q bezeichnet. Nach der modernen quantenmechanischen Auffassung, wonach die „Schalen" als Energiestufen oder Hauptquantenzahlen (n) bezeichnet werden, kennzeichnet man sie als Hauptquantenzahl 1, 2, 3 usw. bis 7.

>!< Die Maximalbelegung einer Schale errechnet man nach der Formel:

$$\text{Maximalbelegung} = 2n^2$$

Auf der K-Schale (n = 1) haben daher 2 mal 1^2 = 2 Elektronen Platz. Auf der L-Schale (n = 2) sind es 2 mal $2^2 = 8$; auf der M-Schale (n = 3) 2 mal $3^2 = 18$ usw.

Die Kugelschalen haben bestimmte Abstände vom Atomkern. Die elektrostatische Anziehung zwischen den Protonen des Kerns und den Elektronen der Hülle nimmt daher mit zunehmendem Abstand vom Kern deutlich ab.

Atomkern mit 20 Protonen
(und 20 Neutronen)

Die Elektronenhülle
des Elements
Calcium nach N. Bohr.

Die Valenzelektronen:

Valenzelektronen sind die Elektronen der äußersten Schale eines Atoms; sie werden vom Kern am wenigsten fest gebunden und können daher relativ leicht abgespalten werden (siehe Ionisierungsenergie).

☺ Nur die Valenzelektronen werden bei einer chemischen Reaktion benötigt.

Grundbausteine

Die Edelgaskonfiguration:

Die Belegung der jeweils äußersten Schale mit acht Elektronen (erste Schale nur zwei) ist ein energetisch stabiler Zustand. Man nennt ihn Edelgaskonfiguration, da alle Edelgase (außer Helium, erste Schale!) diese Zahl von Valenzelektronen aufweisen. Alle Atome sind bestrebt, diesen stabilen Zustand zu erreichen, was z. B. durch Aufnahme zusätzlicher Valenzelektronen von anderen Atomen oder durch Abgabe eigener Valenzelektronen erreicht werden kann.

Atom-Ionen:

Kationen:
Gibt ein Atom Valenzelektronen ab, um die Edelgaskonfiguration der weiter innen liegenden Schale zu erreichen, wird es positiv geladen.
Grund: Die (gleich gebliebene) Zahl der Protonen im Kern ist größer als die Gesamtzahl der Elektronen.

☺ Der Name Kation kommt von Kathode, dem negativ geladenen Pol (Elektrode) einer Gleichspannungsquelle, von dem das Kation angezogen wird (siehe Elektrolyse).

Kationen können in der Regel nur solche Elemente bilden, die bis zu vier Valenzelektronen besitzen.
Grund: Die Anziehungskraft des Kerns auf die restlichen Elektronen wird zu groß, es müsste zu viel Ionisierungsenergie aufgewendet werden.

Grundbausteine

Ionisierungsenergie:
Darunter versteht man die Energie, die aufgewendet werden muss, um aus Atomen eines Stoffes im gasförmigen Zustand Elektronen freizusetzen.

>!< Die Ionisierungsenergie ist abhängig von der Anzahl der Valenzelektronen. Alkalimetalle weisen die niedrigste Ionisierungsenergie auf.

Anionen:
Nimmt ein Atom Valenzelektronen auf, um die Edelgaskonfiguration zu erreichen, wird es negativ geladen, es ist ein Anion entstanden.

Die Anode, der positive Pol (Elektrode) einer Gleichspannungsquelle, zieht Anionen an (siehe Elektrolyse). Negativ geladene Ionen entstehen aus Atomen, die 5, 6 oder 7 Valenzelektronen besitzen.

☺ Atome mit weniger Valenzelektronen erreichen die Edelgaskonfiguration leichter durch Abgabe von Elektronen.

Elektronenaffinität:
Darunter versteht man die Energie, die auftritt, wenn Atome eines Stoffes im gasförmigen Zustand Elektronen aufnehmen. Halogenatome besitzen die höchsten Elektronenaffinitäten.

Grundbausteine

3. Die Moleküle

Sie sind die kleinsten Masseteilchen von Verbindungen, die noch deren chemische Eigenschaften besitzen und bestehen aus festgefügten Verbänden von zwei oder mehr Atomen.

Molekül-Ionen:

Sie bestehen aus zwei oder mehr Atomen und können neutral oder elektrisch geladen sein. Sie können also Anionen, Kationen oder Neutralmoleküle sein.

SO_4^{2-}: Dieses Ion besteht aus einem Schwefelatom, vier Sauerstoffatomen und trägt zwei negative Elementarladungen.

H_3O^+: Dieses Ion besteht aus drei Wasserstoffatomen, einem Sauerstoffatom und trägt eine positive Elementarladung.

SO_2: Dieses Molekül besteht aus einem Schwefelatom und zwei Sauerstoffatomen und ist neutral.

III. Verhältnisse bei chemischen Reaktionen

1. Massenverhältnisse

Das Gesetz von der Erhaltung der Masse
>!< „Bei chemischen Reaktionen bleibt die Summe der an der Reaktion beteiligten Massen unverändert."
Das bedeutet, die Summe der Massen der Edukte (Ausgangsstoffe) ist bei chemischen Reaktionen gleich der Summe der Massen der Produkte. Dieser Satz gilt allerdings nur mit der Einschränkung, dass Masseumwandlungen in Energie bzw. umgekehrte Vorgänge nicht messbar sind.

Das Gesetz der konstanten Proportionen
>!< „Jede Verbindung enthält die Elemente in einem festen naturgegebenen Verhältnis."
Das heißt, das Verhältnis der Massen von Elementen, die sich zu einer chemischen Verbindung vereinigen, ist konstant. Dadurch wird der Unterschied zwischen Verbindung und Gemenge deutlich!

Im schwarzen Kupferoxid (CuO) verhalten sich die Massen von Kupfer und Sauerstoff stets wie 3,97 : 1. Dabei spielt es keine Rolle, welche Massenverhältnisse vor der Reaktion von Kupfer mit Sauerstoff vorlagen.

Verhältnisse

Das Gesetz der multiplen Proportionen

>!< „Bilden Elemente verschiedene Verbindungen, dann stehen die Massen des einen Elements, die sich mit jeweils der gleichen Masse des anderen Elements zu verschiedenen Verbindungen vereinigen, zueinander im Verhältnis kleiner ganzer Zahlen."

Die Elemente Eisen und Schwefel können zu zwei verschiedenen Verbindungen zusammentreten:

Eisenkies (FeS_2): 1 g Eisen bindet 1,14 g Schwefel.
Eisensulfid (FeS): 1 g Eisen bindet 0,57 g Schwefel.
Die beiden Schwefelmassen verhalten sich wie 2 : 1.

2. Volumenverhältnisse

Die Gasgesetze

>!< Boyle-Mariotte: (T = konst.) $p \cdot V$ = konst.

>!< Bei gleicher Temperatur ist das Produkt aus Druck und Volumen eines abgeschlossenen Gases konstant (unveränderlich).

>!< Gay-Lussac: (p = konst.) $\dfrac{V}{T}$ = konst.

(V = konst.) $\dfrac{p}{T}$ = konst.

Die allgemeine Gasgleichung

Die allgemeine Gasgleichung leitet sich aus dem Boyle-Mariott'schen und Gay-Lussac'schen Gesetz ab.

>!<
$$\frac{p_0 \cdot V_0}{T_0} = \frac{p_1 \cdot V_1}{T_1}$$

Mit ihr lassen sich bei gegebener Temperatur (T_1) und gegebenem Druck (p_1) vorliegende Volumina (V_1) von Gasexperimenten auf Normalbedingungen (0 °C und 101,3 kPa) umrechnen.

Das Gesetz von Gay-Lussac und Humboldt

>!< „Bei Gasreaktionen treten stets einfache und ganzzahlige Volumenverhältnisse auf."

Das bedeutet, Gase reagieren bei gleichem Druck und gleicher Temperatur stets in ganzzahligen Volumenverhältnissen miteinander.

Bei der Elektrolyse von Wasser erhält man stets Wasserstoffgas und Sauerstoffgas im Volumenverhältnis 2 : 1; bei der Synthese von Wasser aus den Elementen reagieren stets 2 Raumteile Wasserstoffgas mit 1 Raumteil (Rtl.) Sauerstoffgas zu 2 Raumteilen Wasserdampf.

Der Lehrsatz von Avogadro

>!< „In gleich großen Raumteilen (Volumina) aller Gase befinden sich bei gleichem Druck und gleicher Temperatur die gleiche Anzahl von Teilchen (Atome bzw. Moleküle)."

Verhältnisse

Mithilfe des Satzes von Avogadro lassen sich Hinweise über die Zusammensetzung von Gasteilchen ableiten. Avogadro entwickelte die Theorie, dass die Teilchen von gasförmigen Elementen nicht aus Einzelatomen, sondern aus mindestens 2 Atomen bestehen.

Chlorwasserstoffsynthese:
Im Experiment zeigt sich, dass stets 1 Rtl. Wasserstoff mit 1 Rtl. Chlorgas zwei Raumteile Chlorwasserstoffgas bildet. Nach Avogadro reagiert demzufolge 1 Teilchen Wasserstoffgas mit einem Teilchen Chlorgas zu zwei Teilchen Chlorwasserstoffgas. Nachdem aber jedes Chlorwasserstoffteilchen sowohl Wasserstoff als auch Chlor enthalten muss, ergibt sich der Schluss, dass sowohl der Wasserstoff als auch das Chlor aus zweiatomigen Molekülen bestehen.

Modell:

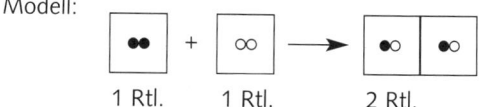

1 Rtl.	1 Rtl.	2 Rtl.
H_2	Cl_2	HCl

Dies lässt sich auf alle elementaren Gase anwenden.

☻ Die bei Zimmertemperatur gasförmigen Elemente wie Wasserstoff, Sauerstoff, Stickstoff, Fluor, Chlor, Brom und Jod bestehen aus zweiatomigen Molekülen.

IV. Die Formelsprache der Chemie

Die Bedeutung der Elementsymbole
1. Ein Elementsymbol stellt die Abkürzung für den Namen des Elementes dar.
2. Es symbolisiert ein Atom des betreffenden Elementes.

Die chemische Formel
>!< 1. Die Zusammensetzung eines Moleküls wird durch Aneinanderreihen von Symbolen der beteiligten Elemente zum Ausdruck gebracht, wobei ein und dasselbe Element oder ein und dieselbe Atomgruppe mehrfach enthalten sein können. In diesem Falle wird eine kleine arabische Zahl hinter das betreffende Elementsymbol oder die in Klammern stehende Atomgruppe gesetzt. Die Angabe dieser Zahl erfolgt immer als tiefgestellte Zahl. Sie heißt Index. Der Index ist ein unveränderlicher Bestandteil der Formel einer bestimmten Verbindung (die Zahl 1 wird nicht geschrieben!).

H_2 ist die Formel für ein Molekül des Elements Wasserstoff; es besteht aus zwei Wasserstoffatomen. CH_4 ist die Formel für Methangas. Die Formel bezeichnet ein Molekül, bestehend aus 1 Atom Kohlenstoff (C) und 4 Atomen Wasserstoff (H). $Ca(OH)_2$ ist die Formel für eine Baueinheit Calciumhydroxid. Calciumionen (Ca^{2+}) und Hydroxidionen (OH^-) liegen im Zahlenverhältnis 1 : 2 vor. Die Formel wird gelesen: „Ca, OH in Klammern zweimal".

Formelsprache

>!< 2. Die Anzahl von Molekülen oder von Einzelatomen wird durch eine vorangestellte große arabische Zahl ausgedrückt, durch den Koeffizienten. Auch hier wird die Zahl 1 nicht geschrieben.

$3H_2O$ ist die Formel für 3 Moleküle Wasser, von denen jedes aus 2 Atomen Wasserstoff und 1 Atom Sauerstoff besteht.

Die chemische Gleichung

>!< Eine Reaktionsgleichung kennzeichnet alle an der Reaktion beteiligten Stoffe. Sie gibt außerdem das Zahlenverhältnis, in dem die Teilchen reagieren, an. Schreibt man zuerst die Formeln der Ausgangsstoffe (= Edukte) als Summanden, dann den Reaktionspfeil und schließlich die Formeln der Produkte ebenfalls als Summanden rechts davon, so erhält man eine Reaktionsgleichung (oder chemische Gleichung).

>!< **Regeln zum Aufstellen von Reaktionsgleichungen:**
– Anschreiben der Formeln der Edukte und Produkte (mit den Indices), z. B.: $H_2 + 1/2 O_2 \rightarrow H_2O$
– Rechnerisches Richtigstellen durch ganzzahlige Koeffizienten, da nach dem Massenerhaltungssatz die Anzahl der gleichen Atome auf der linken und rechten Seite einer Gleichung übereinstimmen müssen.
Indices dürfen dabei nicht verändert werden, z. B.:
$$2H_2 + O_2 \rightarrow 2H_2O$$

V. Stöchiometrie

Relative Atommasse (m_A)

Sie ist eine Verhältniszahl, die angibt, um wie viel ein bestimmtes Atom schwerer ist als 1/12 der Masse des Kohlenstoffisotops ^{12}C. Die Bezugsgröße heißt atomare Masseneinheit 1 u.

Relative Molekülmasse (m_M)

Sie wird durch Addition der relativen Atommassen errechnet, entsprechend der Molekülformel, z. B. relative Molekülmasse von Wasser:

Wasserstoff	2 · 1 u
Sauerstoff	16 u
Wasser	18 u

☻ Mischelemente: Die meisten Elemente bestehen aus Isotopen mit unterschiedlichem prozentualem Anteil. Das ist eine Ursache für die Tatsache, dass die relativen Atommassen des Periodensystems nicht ganzzahlig sind.

☻ Reinelemente: Sie weisen nur ein Isotop auf.

>!< **Stoffmenge (n):** Sie ist eine Größe in der Chemie für die Anzahl der vorhandenen Teilchen. Ihre Einheit ist [mol].

Stöchiometrie

1. Der Mol-Begriff

Das Mol ist eine messbare Menge von Atomen bzw. Molekülen. Es ist die Einheit der Stoffmenge.

>!< „1 mol ist die Stoffmenge eines Systems, das aus ebenso vielen Teilchen besteht, wie in genau 12 g Kohlenstoff des Isotops ^{12}C enthalten sind." In Zahlen angegeben heißt das etwa $6 \cdot 10^{23}$ Teilchen.

☺| Für die Praxis hat sich folgende „Definition" bewährt:
„1 mol eines Stoffes ist die Menge in Gramm, die von der relativen Atom- bzw. Molekülmasse zahlenmäßig angegeben wird."

$$1 \text{ mol Kohlenstoff} = 12 \text{ g}$$
$$1 \text{ mol Wasser} = 18 \text{ g}$$

>!< **Das Molvolumen (V_m):** Das Molvolumen oder auch molare Volumen ist der Quotient aus dem Volumen eines Stoffes und seiner Stoffmenge.

$$V_m = \frac{V}{n} \quad \left[\frac{l}{mol}\right]$$

Das Volumen von 1 mol eines beliebigen Gases beträgt bei 0 °C und 101,3 kPa (Normalbedingungen) genau 22,4 Liter.

Stöchiometrie

►!◄ Die Loschmidt'sche Zahl (N_A): Sie gibt an, wie viele Moleküle bzw. Einzelatome in 1 mol eines Stoffes enthalten sind: $N_A = 6{,}022 \cdot 10^{23}$

►!◄ Die molare Masse (M): Die molare Masse ist der Quotient aus der Masse eines Stoffes und seiner Stoffmenge.

$$M = \frac{m}{n} \quad \left[\frac{g}{mol}\right]$$

Sie ist die Masse (m) eines Mols, also von $6{,}022 \cdot 10^{23}$ Teilchen. Sie ist zahlenmäßig gleich der Relation Atommasse in „u".
Zusammenhang von u und g:

$$1\,u = \frac{1\,g}{6{,}022 \cdot 10^{23}}$$

2. Stöchiometrische Wertigkeit

Sie ist eine Zahl, die angibt, wie viel Wasserstoffatome ein Atom eines Elements binden oder in einer Verbindung ersetzen kann.

H_2O: Sauerstoff hat die Wertigkeit zwei.
NH_3: Stickstoff hat die Wertigkeit drei.
CH_4: Kohlenstoff hat die Wertigkeit vier.

Da die Wertigkeit von Sauerstoff stets zwei ist (außer bei Peroxiden) kann die Wertigkeit von Metallen in Verbin-

Stöchiometrie

dungen mit Sauerstoff (Oxiden) berechnet werden:

CuO, Kupfer ist zweiwertig.
Al_2O_3, Aluminium ist dreiwertig.

Die stöchiometrische Wertigkeit kann durch eine hochgestellte römische Zahl angegeben werden:

Al^{III} dreiwertiges Aluminiumatom
Fe^{II} zweiwertiges Eisenatom

Viele Schwermetalle, wie Kupfer, Blei, Mangan, Eisen u. a., können mehrere Wertigkeiten haben (multiple Proportio-nen). Daher wird bei diesen Metallen die Wertigkeit im Namen der Verbindung als nachgestellte römische Zahl angegeben.

Blei (IV)-oxid PbO_2
Eisen (III)-chlorid $FeCl_3$
Eisen (II)-sulfat $FeSO_4$
Mangan (IV)-oxid MnO_2 usw.

Aussagen einer chemischen Gleichung

Ammoniaksynthese-Gleichung: $3H_2 + N_2 \rightarrow 2NH_3$
1. An der Reaktion nehmen die Elemente Wasserstoff und Stickstoff teil, es entsteht Ammoniak.
2. 3 Moleküle Wasserstoff und 1 Molekül Stickstoff reagieren zu 2 Molekülen Ammoniak.

Stöchiometrie

3. 3 mol Wasserstoff und 1 mol Stickstoff reagieren zu 2 mol Ammoniak.
4. 6 g Wasserstoff und 28 g Stickstoff ergeben 34 g Ammoniak.
5. 3 · 22,41 l = 67,23 l Wasserstoffgas und 22,41 l Stickstoffgas ergeben 2 · 22,41 l = 44,82 l Ammoniakgas.

>!< Regeln zum Erstellen eines Rechenansatzes

– Aufstellen der Reaktionsgleichung.
– Unterstreichen des gesuchten und gegebenen Stoffes. Unter die unterstrichenen Formeln werden die molaren Massen – mit dem aus der Gleichung entnommenen Koeffizienten multipliziert – angeschrieben. Wenn Volumina gegeben sind, muss das Mol-Volumen mit dem betreffenden Koeffizienten multipliziert werden.
– Direkt unter die molaren Massen schreibt man die gegebenen Werte (in Gramm) bzw. den gesuchten Wert (x Gramm). Wenn Volumina gegeben sind, muss der Wert bzw. x in Liter eingesetzt werden.
– Aufstellen einer Verhältnisgleichung entsprechend der gegebenen und gesuchten Größen.
– Ausrechnen der Verhältnisgleichung.
– Formulierung des Ergebnisses.

Wie viel Gramm Kohlenstoff braucht man, um aus 20 g Blei(II)-oxid Kohlendioxid und Blei herzustellen?

1.   2PbO   +   C   → CO_2 + 2Pb
2.   <u>2PbO</u>   +   <u>C</u>   → CO_2 + 2Pb

Stöchiometrie

3. 2 mol · 223 g/mol   1 mol · 12 g/mol
4.   20 g   x
5. $\dfrac{20 \text{ g}}{2 \text{ mol} \cdot 223 \text{ g/mol}} = \dfrac{x}{1 \text{ mol} \cdot 12 \text{ g/mol}}$
6. $x = \dfrac{20 \text{ g} \cdot 12}{2 \cdot 223}$

           $x = 0{,}538 \text{ g}$

7. Man benötigt 0,538 g Kohlenstoff.

Energieverhältnisse

VI. Energieverhältnisse bei chemischen Reaktionen

Energieumwandlungen sind wesentliche Bestandteile jeder chemischen Reaktion.

Exotherme Reaktion:
Bei dieser Reaktion wird Energie freigesetzt. Der Energieinhalt der Ausgangsstoffe ist größer als der der Reaktionsprodukte. Der Differenzbetrag wird als Reaktionswärme freigesetzt.

Endotherme Reaktion:
Hier muss Energie ständig zugeführt werden, um das gewünschte Reaktionsprodukt zu erhalten. Der Energieinhalt der Ausgangsstoffe ist niedriger als der der Reaktionsprodukte. Der Differenzbetrag ist die aufgenommene Wärmemenge.

Die Enthalpie (H)
Darunter versteht man einen bestimmten, aber unbekannten Energieinhalt eines chemischen Systems. Sie ist die Summe aus innerer Energie und Volumenenergie.

>!< Die molare Reaktionsenthalpie ΔH_R: Die Reaktionsenthalpie ΔH_R ist die messbare Wärmeenergie, die bei konstantem Druck gemessen wird. Sie ist die Differenz

Energieverhältnisse

der Enthalpien von End- und Anfangszustand des stofflichen Systems.
Bezieht man die Reaktionsenthalpie auf die Stoffmengen der Formelumsätze, so erhält man die molare Reaktionsenthalpie ΔH_R.

$$\Delta H_R = H_E - H_A$$

☺ ΔH_R hat bei exothermen Reaktionen einen negativen Wert, bei endothermen Reaktionen einen positiven Wert. Die Enthalpie wird in Joule (J) gemessen.

$$2H_2 + O_2 \rightarrow 2H_2O; \Delta H_R = -571{,}8 \text{ kJ}$$
$$CuO + H_2 \rightarrow Cu + H_2O; \Delta H_R = 120{,}6 \text{ kJ}$$
$$3ZnO + 2Fe \rightarrow Fe_2O_3 + 3Zn; \Delta H_R = +224{,}8 \text{ kJ}$$

>!< **Die molare Reaktionsenergie ΔU_R:** Die Reaktionsenergie ΔU_R ist die messbare Wärmeenergie, die bei konstantem Volumen gemessen wird.
Bezieht man die Reaktionsenergie auf die Stoffmengen der Formelumsätze, so erhält man die molare Reaktionsenergie ΔU_R.

>!< **Die molare Bildungsenthalpie ΔH_B:** Sie ist definiert als die molare Reaktionsenergie, die der Bildungsreaktion von 1 mol einer Verbindung aus den Elementen entspricht. Ihre Einheit ist [kJ/mol].

Energieverhältnisse

>!< **Die molare Verbrennungsenthalpie ΔH_V:** Sie ist definiert als die molare Reaktionsenthalpie, die der Verbrennungsreaktion von 1 mol eines Stoffes entspricht.

>!< **Die molare Standardbildungsenthalpie:** Molare Reaktionsenthalpien sind von Temperatur, Druck, Aggregatzustand und Modifikation der beteiligten Stoffe abhängig.
Deshalb müssen für die Tabellierung von molaren Bildungs- und Verbrennungsenthalpien die Reaktionsbedingungen angegeben werden. Unter Standardbedingungen (T = 25 °C und p = 101.3 kPa) ermittelte molare Bildungsenthalpien bezeichnet man als molare Standardbildungsenthalpien.

Die Aktivierungsenergie (AE)
>!< Darunter versteht man den Energiebetrag, den man zum Starten einer chemischen Reaktion einsetzen muss, auch wenn diese exotherm verläuft. In diesem Falle wird der Betrag der AE zusätzlich zur Reaktionsenthalpie wieder frei.

☺| Durch die Energiezufuhr stoßen die Teilchen infolge der Erhöhung ihres Energieinhaltes wirksam zusammen. Die Teilchen gehen in einen energiereicheren (aktivierten) Zustand über. Aus den aktivierten Teilchen entstehen dann Reaktionsprodukte.

Energieverhältnisse

Knallgas-Reaktion (Wassersynthese aus den Elementen): Wasserstoffgas und Sauerstoffgas lassen sich beliebig lange als Gemisch aufbewahren. Wird von außen Energie (AE) zugeführt (Funken, glühender Draht), dann kommt es zu einer heftigen, exothermen Reaktion (Explosion).

Energieniveauschema:
a) exotherme Reaktion   b) endotherme Reaktion

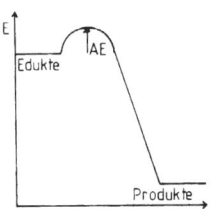 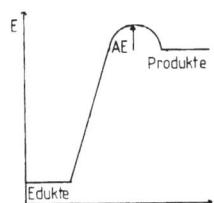

Die Aktivierungsenergie bildet einen „Energieberg", der überwunden werden muss, damit es zu einer chemischen Reaktion kommt.

Stabilitätsverhältnisse

Metastabiler Zustand:
In diesem Zustand befinden sich die Edukte einer exothermen Reaktion bzw. die Produkte einer endothermen Reaktion, so lange keine AE zugeführt wurde.

Energieverhältnisse

Instabiler Zustand:
Nach Zufuhr von AE gelangen die Systeme auf die „Spitze des AE-Berges", sie befinden sich unmittelbar vor der chemischen Reaktion.

Stabiler Zustand:
Dies ist der energieärmste Zustand des jeweiligen Systems. Die Produkte einer exothermen Reaktion bzw. die Edukte einer endothermen Reaktion befinden sich im stabilen Zustand.

Der Katalysator

>!< Ein Katalysator ist ein Stoff, der eine chemische Reaktion beschleunigt und der am Ende der Reaktion wieder unverändert vorliegt.

Katalysatoren wirken durch ihre spezifische Oberfläche, indem sie Bindungen von Molekülen lockern, die mit ihnen in Kontakt treten. Es werden instabile Zwischenverbindungen gebildet. Dadurch muss weniger AE zugeführt werden. Katalysatoren bestehen oft aus Metallen (z. B. Platin) oder Metalloxiden.

Katalyse:
Darunter versteht man das Einwirken von Katalysatoren auf chemische Reaktionen. Bei einer positiven Katalyse werden die Reaktionsabläufe beschleunigt, bei einer

Energieverhältnisse

negativen Katalyse verzögert. Katalysatoren, die für eine negative Katalyse verantwortlich sind, nennt man auch Inhibitoren.

Die Entropie (S)

>!< Die Entropie ist ein Maß für den ungeordneten Zustand eines Systems. Alle chemischen Systeme streben nach maximaler Entropie, also nach einem möglichst ungeordneten Zustand, d. h. die Zunahme der Unordnung (positiv) begünstigt eine Reaktion.

Die Entropie nimmt zu, wenn ein Feststoff zur Flüssigkeit wird, entweder in einer Lösung oder in einer Schmelze. Der größte Entropiezuwachs entsteht beim Übergang vom festen in den gasförmigen Zustand (Sublimieren).

Daher verlaufen manche Reaktionen freiwillig, obwohl sie endotherm sind, z. B. das Lösen von Salzen: Die Lösung kühlt sich dabei ab.

VII. Die chemische Bindung

1. Die Ionenbindung

>!< Eine Ionenbindung liegt stets dann vor, wenn sich Metallatome mit Nichtmetallatomen verbinden. Metallatome geben alle Valenzelektronen an ein oder mehrere Nichtmetallatome ab, wodurch alle Bindungspartner die Edelgaskonfiguration erreichen.
Ein Metallatom wird dabei zum (positiv geladenen) Kation, das je nach Anzahl der abgegebenen Valenzelektronen eine, zwei oder auch drei positive Elementarladungen trägt. Ein Nichtmetallatom wird dabei zum (negativ geladenen) Anion, das analog zum Kation eine, zwei oder drei negative Elementarladungen trägt, je nach Anzahl der aufgenommenen Elektronen (siehe Atombau!).

$$\text{Na}\cdot + {}_x^{xx}\text{Cl}{}_x^{\,x} \rightarrow [\text{Na}]^+ + \left[{}_x^{xx}\overset{\bullet}{\text{Cl}}{}_x^{\,x}\right]^-$$

$$\cdot\text{Ca}\cdot + 2{}_x^{xx}\text{Br}{}_x^{\,x} \rightarrow [\text{Ca}]^{2+} + 2\left[{}_x^{xx}\overset{\bullet}{\text{Br}}{}_x^{\,x}\right]^-$$

Die eckigen Klammern symbolisieren die Edelgaskonfiguration. Kationen und Anionen ziehen sich durch ihre unterschiedliche Ladung elektrostatisch an, sie sind somit gebunden.

>!< **Ionenwertigkeit:** Sie ist gleich der Zahl der aufgenommenen bzw. abgegebenen Elektronen eines Atoms.

Chemische Bindung

Sie wird durch eine kleine arabische Zahl und dem entsprechenden Vorzeichen angegeben.

Na^+ hat die Ionenwertigkeit +1
Al^{3+} hat die Ionenwertigkeit +3

Ionengitter:
Ionen bilden keine abgeschlossenen Moleküle aus, weil die jeweilige Ladung kugelförmige elektrische Felder um das Ion aufbaut. Diese elektrischen Felder wirken auf entgegengesetzt geladene Felder (Ionen) nach allen Raumrichtungen anziehend. Ein Kation zieht so viele Anionen an, wie es die Größe der beiden Ionenarten zulässt und umgekehrt.

☺ Dadurch entsteht ein Kristallgitter. Beim Kochsalz (NaCl) entsteht ein Würfel, wobei stets 6 Chloridionen um ein Natriumion, und 6 Natriumionen um ein Chloridion angeordnet sind.

?! **Ionisierungsenergie:** Sie ist definiert als die Energie, die benötigt wird, um von einem Atom ein Elektron abzuspalten.

2. Die Atombindung

Sie liegt stets dann vor, wenn sich Nichtmetallatome verbinden. Nichtmetallatome haben hohe Elektronegativitäten, d. h., sie ziehen ihre Valenzelektronen stark an. Daher kann die Edelgaskonfiguration nur so erreicht werden, dass die Bindungspartner gemeinsame bindende Elektronenpaare ausbilden.

$$:\!\ddot{C}l\!\cdot \quad + \quad {}^{x}_{xx}\overset{xx}{\underset{x}{Cl}}{}^{x}_{x} \quad \rightarrow \quad :\!\ddot{C}l\cdot {}^{x}\,{}^{xx}_{xx}\overset{}{\underset{x}{Cl}}{}^{x}_{x}$$

$$H\cdot \quad + \quad {}^{x}H \quad \rightarrow \quad H\cdot {}^{x}H$$

>!< Valenzstrichformel: Gemeinsame bindende Elektronenpaare werden durch Querstriche zwischen den Elementsymbolen angegeben.

Chlormolekül $|\overline{Cl} - \overline{Cl}|$

Methanmolekül
$$\begin{array}{c} H \\ | \\ H - C - H \\ | \\ H \end{array}$$

>!< Freie Elektronenpaare: Die nicht zur Bindung verwendeten Valenzelektronen werden auch paarweise zusammengefasst und durch Striche um die Elementsymbole angeordnet.

Chemische Bindung

$$\text{Chlormolekül} \quad |\overline{\underline{Cl}} - \overline{\underline{Cl}}|$$

$$\text{Wasser} \quad H - \overline{\underline{O}} - H$$

$$\text{Ammoniak} \quad \begin{array}{c} H - \overline{N} - H \\ | \\ H \end{array}$$

>!< **Atomwertigkeit (Bindigkeit):** Sie ist gleich der Zahl von Atombindungen, die ein Atom in einem Molekül ausbildet.

H-O-H Sauerstoff ist zweiwertig
H-H   Wasserstoff ist einwertig

Mehrfachbindungen:

>!< <u>Doppelbindung:</u> Manche Elementatome müssen zwei bindende Elektronenpaare zwischen sich ausbilden, um die Edelgaskonfiguration zu erreichen.

Das Sauerstoffmolekül

Elektronenformel $\quad \overset{\bullet\bullet}{\underset{\bullet\bullet}{O}} {\overset{x}{\underset{x}{:}}} \overset{x\;x}{\underset{x\;x}{O}}$

Valenzstrichformel $\quad \overline{\underline{O}} = \overline{\underline{O}}$

>!< <u>Dreifachbindung:</u> Hier müssen drei bindende Elektronenpaare ausgebildet werden, um die Edelgaskonfiguration zu erreichen.

Chemische Bindung

Das Stickstoffmolekül
Elektronenformel :N⋮ ⋮N⋮
Valenzstrichformel | N ≡ N |

>!<| Mesomerie: Unter Mesomerie versteht man die Tatsache, dass die tatsächliche Elektronenverteilung in den Bindungen eines Moleküls durch eine Valenzstrichformel nicht exakt wiedergegeben werden kann.

Grenzformeln:
Dies sind Valenzstrichformeln, die die tatsächliche Elektronenverteilung umschreiben.

Mesomeriepfeil (↔):
Er kennzeichnet die Zusammengehörigkeit mehrerer Grenzformeln.

Formale Ladung:
Hat ein Atom innerhalb einer Grenzformel nicht die Anzahl von Elektronen, die der Anzahl der Valenzelektronen entspricht, so erhält es eine entsprechende Zahl positiver bzw. negativer Ladungen. Sie werden von einem Kreissymbol umgeben, um sie von tatsächlichen Ladungen zu unterscheiden. Die maßgebliche Elektronenzahl wird dadurch ermittelt, dass die Atombindungen im Molekül halbiert werden.

$$\text{Schwefelsäure:} \quad H - \overline{\underline{O}} - \overset{\overset{|\overline{O}|}{\|}}{\underset{\underset{|\overline{O}|^-}{|}}{S^{\oplus}}} - \overline{\underline{O}} - H$$

Chemische Bindung

☺ Die erste Valenzstrichformel enthält die beteiligten Atome mit ihren jeweiligen Valenzelektronen. Das Schwefelatom „besitzt" nach Halbierung der Atombindungen nur noch fünf Elektronen. Da es aber sechs Valenzelektronen hat, erhält es eine positive Formalladung. Das Sauerstoffatom, das nur mit dem Schwefelatom verbunden ist, „besitzt" sieben Elektronen (einschließlich der freien Elektronenpaare) und erhält eine negative Formalladung, weil es nur sechs Valenzelektronen hat. Ist das Molekül nach außen ungeladen, dann heben sich die Formalladungen im Molekül gegenseitig auf.

>!< Registrierformel: Sie gibt die tatsächliche Elektronenverteilung am besten wieder. Es wird die Grenzformel gewählt, in der die wenigsten Ladungen auftreten und in der möglichst viele der beteiligten Atome ihre maximale Bindigkeit erreicht haben.

$$\text{Schwefelsäure:} \quad H - \overline{\underline{O}} - \overset{\overset{\displaystyle |O|}{\|}}{\underset{\underset{\displaystyle |O|}{\|}}{S}} - \overline{\underline{O}} - H$$

3. Die polare Bindung

>!< **Elektronegativität:** Darunter versteht man das „Bestreben" eines Atoms, Bindungselektronen innerhalb eines Moleküls an sich zu ziehen.

L. Pauling (*1901) erstellte eine empirisch ermittelte Tabelle von relativen Elektronegativitätswerten der Hauptgruppenelemente. Danach trägt Fluor den höchsten Wert (4,0), Francium den niedrigsten (0,7).

>!< Dipolcharakter eines Moleküls: Besteht eine Verbindung aus verschiedenen Atomen, die durch Atombindung miteinander verbunden sind, z. B. $H^{\delta+} \blacktriangleleft Cl^{\delta-}$, so ist die Bindung zwischen den Atomen durch die unterschiedlichen Elektronegativitäten polarisiert (Chlor ist elektronegativer als Wasserstoff).

☻| Chlor erhält daher eine negative Partialladung (gekennzeichnet durch δ^-), Wasserstoff eine positive (gekennzeichnet durch δ^+). Das Ergebnis ist ein Dipol. Ionen können dabei nicht entstehen, weil die Bindungspartner Nichtmetalle sind.

>!< Sonderfall Wasser: Wasser ist nur deshalb ein Dipol, weil das Molekül gewinkelt ist (Bindungswinkel = 104,5°). Somit liegt der negative Ladungsschwerpunkt am Sauerstoffatom und der positive zwischen den beiden Wasserstoffatomen:

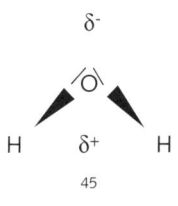

$$\delta^-$$
$$O$$
$$H \quad \delta^+ \quad H$$

Chemische Bindung

>!< Hydratation: Unter Hydratation versteht man das Umhüllen von Ionen durch Wasserdipole.

Salze werden dadurch gelöst. Die so entstandene Hydrathülle verhindert die gegenseitige Anziehung der Ionen und ist somit die Voraussetzung für die freie Beweglichkeit der Ionen bei Elektrolysen.

Kation: $\oplus$ δ^- O δ^+ H / H

Anion: $\ominus$ H δ^+ O δ^- H

4. Die Metallbindung

Metallatome haben eine so geringe Elektronegativität, dass sie ihre Valenzelektronen leicht abspalten. Sie erreichen somit die Edelgaskonfiguration.
Die entstandenen Kationen (Atomrümpfe) sind von frei beweglichen Valenzelektronen umgeben (Elektronengas), von denen die Atomrümpfe durch die elektrische Anziehung zwischen Metallionen (Kationen) und frei beweglichen Elektronen zusammengehalten werden. Die kugelförmigen Atomrümpfe bilden somit ein leicht verformbares Kristallgitter. Die frei beweglichen Elektronen bedingen die elektrische Leitfähigkeit der Metalle.

Kräfte zwischen den Teilchen:
>!< Van der Waals-Kräfte: Darunter versteht man die

Chemische Bindung

einfachen Anziehungskräfte zwischen den Teilchen (z. B. in Edelgasen oder unpolaren Molekülen).

☺ Durch eine kurzzeitig auftretende asymmetrische Verteilung der Elektronen entstehen schwache Dipole, die auf benachbarte Moleküle einwirken. Diese Anziehungskräfte sind recht schwach. Sie verstärken sich mit zunehmender Elektronenzahl.

>!< Wasserstoffbrückenbindung: Sie tritt in solchen Stoffen auf, bei denen der Wasserstoff im Molekül stark polarisiert ist. Diese positiven Teilladungen des Wasserstoffs gehen mit negativen Teilladungen benachbarter Moleküle Wechselwirkungen ein.

☺ Diese Wechselwirkungen führen zu einem größeren Zusammenhalt der Teilchen und bedingen u. a. die vergleichsweise höhere Siedetemperatur des Wassers.

VIII. Säure-Base-Reaktionen

Im Laufe der Jahrhunderte wurden verschiedene Vorstellungen zu Säure-Base-Begriffen entwickelt.

Säuren (nach Arrhenius)
>!< Säuren sind chemische Verbindungen, die in wässriger Lösung in frei bewegliche Wasserstoffionen und Säurerestionen dissoziieren.

Chlorwasserstoffsäure HCl, Säurerest Chloridion (Cl^-)
$$HCl \rightleftharpoons H^+ + Cl^-$$

Schwefelsäure H_2SO_4, Säurerest Sulfation (SO_4^{2-})
$$H_2SO_4 \rightleftharpoons 2H^+ + SO_4^{2-}$$

Das Wasserstoffion H^+ ist eigentlich ein Proton. Es kommt in wässriger Lösung nicht frei vor, sondern bildet mit einem Wassermolekül das Oxoniumion (Hydroniumion) H_3O^+.

$$H^+ + H_2O \rightarrow H_3O^+$$
$$HCl + H_2O \rightarrow H_3O^+ + Cl^-$$
$$H_2SO_4 + 2H_2O \rightarrow 2H_3O^+ + SO_4^{2-}$$

>!< **Saure Reaktion:** Darunter versteht man die Eigenschaft einer Lösung, Lackmusfarbstoff rot zu färben. Verantwortlich dafür sind die H_3O^+ - Ionen.

Säure-Base-Reaktionen

?!◁ Bildung von Säuren: Säuren entstehen bei der chemischen Reaktion von Nichtmetallen mit Wasser.

$$SO_2 + H_2O \rightarrow H_2SO_3$$
Schwefeldioxid   schweflige Säure
$$CO_2 + H_2O \rightarrow H_2CO_3$$
Kohlenstoffdioxid Kohlensäure

Basen (nach Arrhenius)

?!◁ Basen sind chemische Verbindungen, die in wässriger Lösung in elektrisch positiv geladene Metallionen und elektrisch negativ geladene Hydroxidionen dissoziieren.

Natriumhydroxid NaOH:
Reaktion in Wasser: $NaOH \rightleftharpoons Na^+ + OH^-$
Calciumhydroxid $Ca(OH)_2$:
Reaktion in Wasser : $Ca(OH)_2 \rightleftharpoons Ca^{2+} + 2OH^-$

?!◁ Laugen: So nennt man wässrige Lösungen von Basen, in der hydratisierte Hydroxidionen enthalten sind. Sie reagieren alkalisch.

?!◁ Alkalische Reaktion: Darunter versteht man die Eigenschaft einer Lösung, sich seifig anzufühlen und Lackmusfarbstoff blau zu färben.

?!◁ Salze: Sie sind definiert als Stoffe, die aus Metallionen und Säureresten zusammengesetzt sind. Sie reagieren

Säure-Base-Reaktionen

in Wasser gelöst weder sauer noch alkalisch, sondern neutral. Sie ändern die Farbe von Lackmus nicht.

Säuredefinition nach Brönsted:

>!< Säuren sind Teilchen, die bei Reaktionen Protonen (H^+) abgeben. Sie sind Protonendonatoren. Diese Teilchen enthalten Wasserstoffatome mit einer positiven Partialladung. Sie kommen als neutrale Moleküle (z. B. HCl) oder als geladene Moleküle (z. B. NH_4^+) vor.

Basendefinition nach Brönsted:

>!< Basen sind Teilchen, die bei Reaktionen Protonen (H^+) aufnehmen. Sie sind Protonenakzeptoren. Diese Teilchen besitzen mindestens ein freies Elektronenpaar. Auch Basen können Neutralmoleküle (z. B. NH_3) oder geladene Moleküle (z. B. OH^-) sein.
Säure-Base-Reaktionen nennt man Protolysen (Reaktionen mit Protonenübergang). Dabei reagieren Protonenakzeptoren (= Base B) mit Protonendonatoren (= Säure S) unter Austausch von Protonen.

$$HCl + H_2O \rightleftharpoons H_3O^+ + Cl^-$$
$$S B S B$$
$$NH_3 + H_2O \rightleftharpoons NH_4^+ + OH^-$$
$$B S S B$$

Je eine Säure (S) und eine Base (B) bilden ein korrespondierendes Säure-Base-Paar.

Säure-Base-Reaktionen

$$HCl \rightleftharpoons H^+ + Cl^-$$
$$S \qquad \qquad B$$
$$H_2O + H^+ \rightleftharpoons H_3O^+$$
$$B \qquad \qquad S$$

Demzufolge sind an jeder Protolyse zwei korrespondierende Säure-Base-Paare beteiligt.
Protolysen sind stets Gleichgewichtsreaktionen.

Die Neutralisation

Gleiche Mengen von Oxoniumionen und Hydroxidionen verbinden sich zu Wasser:

$$H_3O^+ + OH^- \rightarrow 2H_2O$$

Die Begleitionen (Säurerest und Metallion = Basenrest) bilden Salze:

$$Cl^- + K^+ \rightarrow KCl$$

Die Produkte beider Halbreaktionen (H_2O und KCl) reagieren neutral, d. h. verändern die Lackmusfarbe nicht.

Neutralisationsreaktionen:

Sie erfolgen nach dem Prinzip:

$$\text{Säure} + \text{Base} \rightarrow \text{Salz} + \text{Wasser}$$

$$H_2SO_4 + Ca(OH)_2 \rightarrow CaSO_4 + 2H_2O$$
$$H_3PO_4 + 3NaOH \rightarrow Na_3PO_4 + 3H_2O$$
$$3H_2SO_3 + 2Al(OH)_3 \rightarrow Al_2(SO_3)_3 + 6H_2O$$

IX. Die Redoxreaktion

1. Oxidation und Reduktion

Oxidation
>!< Einfachste Definition: Oxidation ist die Reaktion eines Stoffes mit Sauerstoff. Das entstandene Produkt heißt Oxid.

Kupfer wird zu Kupferoxid oxidiert:
$$2Cu + O_2 \rightarrow 2CuO$$

Allgemein gültige Definition: Oxidation ist die Elektronenabgabe eines Stoffes.

Kupfer wird zum Kupferion:
$$Cu \rightarrow Cu^{2+} + 2e^-$$

Reduktion
>!< Einfachste Definition: Reduktion ist die Reaktion, bei der Verbindungen das Element Sauerstoff entzogen wird.

Kupferoxid wird durch Wasserstoff zu Kupfermetall reduziert: $\quad CuO + H_2 \rightarrow Cu + H_2O$

>!< Allgemein gültige Definition: Reduktion ist die Elektronenaufnahme eines Stoffes.

Redoxreaktion

Chlorgas wird zu Chloridionen reduziert:
$$Cl_2 + 2e^- \rightleftharpoons 2Cl^-$$

>!<| Oxidationsmittel: Einfachste Definition: Das Oxidationsmittel ist der Sauerstoff abgebende Stoff.

>!<| Allgemein gültige Definition: Das Oxidationsmittel ist der Stoff, der Elektronen aufnimmt.

Chlorgas nimmt Elektronen auf:
$$Cl_2 + 2e^- \rightarrow 2Cl^-$$
Das Oxidationsmittel wird bei der Redoxreaktion reduziert.

>!<| Reduktionsmittel: Einfachste Definition: Das Reduktionsmittel ist der Sauerstoff aufnehmende Stoff.

>!<| Allgemein gültige Definition: Das Reduktionsmittel ist der Stoff, der Elektronen abgibt.

Das Reduktionsmittel wird bei der Redoxreaktion oxidiert. Ein Natriumatom gibt sein Elektron ab und wird zum Natriumion oxidiert: $\quad Na \rightarrow Na^+ + e^-$

Redoxreaktion:
Oxidations- und Reduktionsreaktionen sind immer gekoppelt, da die abgegebenen Elektronen der Oxidation in der Reduktion aufgenommen werden. Das Ergebnis als Summe beider Reaktionen nennt man Redoxreaktion.

Redoxreaktion

2. Die Oxidationszahl

Oxidationszahlen sind Scheinladungen in Molekülen bzw. Ionen. Sie sind Hilfsmittel zum Erstellen komplizierter Redoxgleichungen; sie verdeutlichen die Oxidations- und Reduktionsvorgänge, d. h. die Elektronenübergänge. Die Oxidationszahlen können als arabische Ziffern mit positivem oder negativem Vorzeichen über dem Symbol angegeben werden.

>!< Elemente besitzen immer die Oxidationszahl 0:

$$\overset{0}{Cu} \qquad \overset{0}{Cl_2}$$

>!< Elemente in Verbindungen:
Bei Metallen entspricht die Oxidationszahl der Wertigkeit:

$$\overset{+2\,-2}{FeO}$$

>!< Wasserstoff hat immer die Oxidationszahl +1.
Sauerstoff hat immer (außer in Peroxiden) die Oxidationszahl -2:

$$\overset{+1\,-2}{H_2O}$$

Redoxreaktion

>!< In einfachen Ionen entspricht die Oxidationszahl der Ionenladung:

$$\overset{+1}{Na^+} \qquad \overset{-1}{Cl^-}$$

>!< In zusammengesetzten Ionen entspricht die Summe aller Oxidationszahlen dem Zahlenwert der Ionenladung:

$$\overset{-3+1}{NH_4^+}$$

>!< In Molekülen bzw. Baueinheiten der Ionenverbindungen ist die Summe aller Oxidationszahlen 0:

$$\overset{+1+6-2}{H_2SO_4}$$

>!< In gedachten Atomgruppen organischer Verbindungen ist die Summe aller Oxidationszahlen 0:

$$\overset{-3+1}{CH_3}$$

>!< Die Differenz der Oxidationszahlen über dem jeweils gleichen Elementsymbol wird als aufgenommene bzw. abgegebene Elektronenzahl angeschrieben:

Redoxreaktion

$$\overset{0}{Cu} \rightarrow \overset{+2}{Cu^{2+}} + 2e^-$$

$$3e^- + \overset{+5}{NO_3^-} \rightarrow \overset{2}{NO}$$

>!< Die Summe der Oxidationszahlen aller Edukte ist gleich der Summe der Oxidationszahlen der Produkte, da keine Elektronen verloren gehen können.

$$\overset{+1+6-2}{2H_2SO_4} + \overset{0}{Cu} \rightarrow \overset{+2+6-2}{CuSO_4} + \overset{+4-2}{SO_2} + \overset{+1-2}{2H_2O}$$

3. Regeln zum Erstellen von Redoxreaktionen

>!< Anschreiben der Formeln der Edukte und Produkte laut Angabe und Ermittlung der Oxidationszahlen.

Kupfer reagiert mit Salpetersäure zu Kupfernitrat und Stickstoffmonoxid:

$$\overset{0}{Cu} + \overset{+1+5-2}{HNO_3} \rightarrow \overset{+2+5-2}{Cu(NO_3)_2} + \overset{+2-2}{NO}$$

>!< Alle Verbindungen werden in Ionen zerlegt, soweit Ionenbindungen vorliegen (auch Säuren!):

$$\overset{0}{Cu} + \overset{+1}{H^+} + \overset{+5-2}{NO_3^-} \rightarrow \overset{+2}{Cu^{2+}} + \overset{+5-2}{2NO_3^-} + \overset{+2-2}{NO}$$

Redoxreaktion

>!< Nur die Ionen bzw. Atome, bei denen sich die Oxidationszahlen über einem Elementsymbol geändert haben, werden beibehalten, die übrigen werden gestrichen:

$$\overset{0}{Cu} + \overset{+5\,-2}{NO_3^-} \rightarrow \overset{+2}{Cu^{2+}} + \overset{+2\,-2}{NO}$$

>!< Die Oxidations- und Reduktionspartner werden ermittelt (bei Oxidationen wird die Oxidationszahl „positiver", bei Reduktionen „negativer"):

Oxidation: $\overset{0}{Cu} \rightarrow \overset{+2}{Cu^{2+}}$ Reduktion: $\overset{+5}{NO_3^-} \rightarrow \overset{+2}{NO}$

>!< Ausgleich der Ladungen (Elektronen zählen wie Ionen) durch Oxoniumionen (H_3O^+) in sauren Lösungen, bzw. Hydroxidionen (OH^-) in alkalischen Lösungen:

$Cu \rightarrow Cu^{2+} + 2e^-$ (Ladungen sind ausgeglichen)
$4H_3O^+ + 3e^- + NO_3^- \rightarrow \quad NO$

>!< Stoffausgleich: Die Zahl der Sauerstoffatome bei Edukten und Produkten muss gleich sein. Dies wird durch Hinzufügen der entsprechenden Anzahl von Wassermolekülen erreicht:

$4H_3O^+ + 3e^- + NO_3^- \rightarrow NO + 6H_2O$

Redoxreaktion

Gleichzeitig wird dadurch auch die Zahl der Wasserstoffatome ausgeglichen.

>!< Durch geeignete Multiplikation der Teilgleichungen wird die Zahl der Elektronen ausgeglichen. Durch Addition der Teilgleichungen erhält man die Redoxreaktion:

$$Cu \rightarrow Cu^{2+} + 2e^- \quad | \cdot 3$$
$$4H_3O^+ + 3e^- + NO_3^- \rightarrow NO + 6H_2O \quad | \cdot 2$$
$$3Cu + 8H_3O^+ + 2NO_3^- \rightarrow 3Cu_2^+ + 2NO + 12H_2O$$

>!< Die gestrichenen Ionen werden auf beiden Seiten in gleichen Mengen wieder hinzugefügt und zu sinnvollen ungeladenen Molekülen ergänzt:

$$3Cu + 8H_3O^+ + 2NO_3^- \rightarrow 3Cu^{2+} + 2NO + 12H_2O$$
ergänzt: $\quad + 6NO_3^-$
$$3Cu + 8HNO_3 + 8H_2O \rightarrow 3Cu(NO_3)_2 + 2NO + 12H_2O$$

Durch Kürzen des überschüssigen Wassers entsteht die fertige Redoxreaktion:
$$3Cu + 8HNO_3 \rightarrow 3Cu(NO_3)_2 + 2NO + 4H_2O$$

X. Das chemische Gleichgewicht

Viele Reaktionen verlaufen nicht nur in einer Richtung; am „Ende" der Reaktion sind nicht 100% Produkte bei 0% Edukten entstanden. Ein Teil der Produkte reagiert wieder miteinander zu Edukten. Solche Reaktionen werden *umkehrbare chemische Reaktionen* genannt.

>!< Allgemeine Gleichung: $\quad A + B \rightleftharpoons C + D$

Bei jeder umkehrbaren chemischen Reaktion bildet sich in einem abgeschlossenen System ein chemisches Gleichgewicht zwischen Edukten und Produkten aus. Das Gleichgewicht ist eingestellt, wenn Hin- und Rückreaktion mit gleicher Geschwindigkeit ablaufen. Zwischen Edukten und Produkten ist dann ein bestimmtes Mengenverhältnis erreicht, das sich nicht mehr ändert. Dieses Gleichgewicht ist dynamisch, d. h. es finden nach wie vor Hin- und Rückreaktionen statt. Dieser Zustand wird durch zwei Halbpfeile $\rightleftharpoons$ angegeben.

☺ **Einstellzeit des chemischen Gleichgewichtes:**
Darunter versteht man die Zeit vom Beginn der chemischen Reaktion bis zum Erreichen des chemischen Gleichgewichtes.

☺ **Lage des chemischen Gleichgewichtes:** So nennt man das erreichte Konzentrationsverhältnis der reagierenden Stoffe. Die Lage des chemischen Gleichgewichtes bleibt nach ihrer Einstellung unverändert.

Chemisches Gleichgewicht

☺ Einstellbarkeit des chemischen Gleichgewichtes:
Das chemische Gleichgewicht ist von beiden Seiten einstellbar.

1. Die Reaktionsgeschwindigkeit (v)

>!< Sie ist definiert als die Änderung der Konzentration der Produkte bzw. Edukte Δc_x in der Zeit t:

$$v = \frac{\Delta c_x}{\Delta t}$$

Die Reaktionsgeschwindigkeit ist abhängig von der Temperatur, der Konzentration der Stoffe und vom Zerteilungsgrad der Stoffe.
Die Hinreaktion $A + B \rightarrow C + D$ verläuft mit einer bestimmten Geschwindigkeit (v_1).
Die Rückreaktion $C + D \rightarrow A + B$ verläuft mit einer bestimmten Geschwindigkeit (v_2). Wenn sich das Gleichgewicht eingestellt hat, dann ist
$v_1 = v_2$.

2. Das Massenwirkungsgesetz (MWG)

>!< Im Gleichgewichtszustand ist das Verhältnis des Produktes der Konzentrationen der Endstoffe (Produkte) und des Produktes der Konzentrationen der Ausgangs-

stoffe (Edukte) bei bestimmter Temperatur und Druck konstant.

Formel des MWG, bezogen auf die allgemeine Gleichung $mA + nB \rightleftharpoons xC + yD$:

$$K = \frac{[C]^x \cdot [D]^y}{[A]^m \cdot [B]^n}$$

Gleichgewichtskonstante K:

Sie ist für ein bestimmtes Gleichgewicht konstant.

$K = 1$ bedeutet absolutes Gleichgewicht zwischen den Edukten und Produkten, d. h. sie liegen in gleichen Mengen nebeneinander vor.

$K > 1$ bedeutet, dass mehr Produkte als Edukte vorliegen; das Gleichgewicht „liegt auf der rechten Seite".

$K < 1$ bedeutet, dass mehr Edukte als Produkte vorliegen; das Gleichgewicht „liegt auf der linken Seite".

Veränderung der Lage des Gleichgewichtes:

Die Lage des chemischen Gleichgewichtes lässt sich nach dem Prinzip von Le Chatelier und Braun verändern.

„Eine Veränderung der Reaktionsbedingungen bewirkt in einem System, das sich im chemischen Gleichgewicht befindet, eine Verschiebung der Gleichgewichtslage, die die veränderten Reaktionsbedingungen ausgleicht."

Die Veränderungen der Reaktionsbedingungen haben folgende Wirkungen auf die Verschiebung der Gleichgewichtslage:

Chemisches Gleichgewicht

a) <u>Temperatur:</u> Eine Erhöhung der Temperatur fördert die endotherme Reaktion, eine Senkung fördert die exotherme Reaktion.

b) <u>Druck:</u> nur bei Gasen sinnvoll; eine Erhöhung fördert die Reaktion, die unter Volumenabnahme verläuft. Eine Senkung fördert die Reaktion, die unter Volumenzunahme verläuft.

c) <u>Konzentration:</u> Eine Erhöhung fördert den Verbrauch des zugeführten Stoffes. Eine Verringerung (z. B. durch Entfernung des Produktes) fördert die Bildung des abgeführten Stoffes.

3. Das Löslichkeitsprodukt (L)

Das Löslichkeitsprodukt einer Verbindung ist das Produkt der Ionenkonzentration ihrer gesättigten Lösung. Gesättigte Lösung: Lösung, die bei der betreffenden Temperatur keine weiteren Mengen des gelösten Stoffes zu lösen vermag (Bodensatz).

$$AgCl \rightleftharpoons Ag^+ + Cl^-$$

Für dieses Gleichgewicht gilt das MWG:

$$K = \frac{[Ag^+] \cdot [Cl^-]}{[AgCl]}$$

Chemisches Gleichgewicht

Der Festkörper AgCl wird als konstant betrachtet, da seine Konzentration im Vergleich mit den Ionenkonzentrationen nahezu unendlich groß ist. Diese Konstante wird mit „K" multipliziert. Das Ergebnis ist eine neue Konstante „L", das Löslichkeitsprodukt:

$$L = [Ag^+] \cdot [Cl^-]$$

Anwendung: Ist das Ionenprodukt einer Lösung größer als das Löslichkeitsprodukt „L", so entsteht ein Feststoff-Niederschlag.

$$L_{AgCl} = 10^{-10} \ (mol^2/l^2)$$

Allgemein gilt für das Löslichkeitsprodukt eines Salzes A_xB_y:

$$L = [A]^x \cdot [B]^y$$

Kommt es zu einem Niederschlag, wenn $[Ag^+] = 10^{-5}$ mol/l und $[Cl^-] = 10^{-4}$ mol/l betragen?

$L = 10^{-5}$ mol/l $\cdot$ 10^{-4} mol/l $= 10^{-9}$ mol^2/l^2.
Das theoretische Löslichkeitsprodukt wird überschritten, d. h. es bildet sich ein Niederschlag von Silberchlorid (AgCl).

Chemisches Gleichgewicht

4. Die Säure- und Basenstärke

Säuren bilden mit Wasser Gleichgewichtsreaktionen, so genannte Protolysen: $HR + H_2O \rightleftharpoons H_3O^+ + R^-$
Eine derartige Gleichgewichtsreaktion besagt, dass nicht alle Säuremoleküle (HR) in Ionen zerfallen sind bzw. mit dem Wasser zu Ionen reagiert haben.

>!< **Säurestärke:** Starke Säuren sind weitgehend bzw. vollständig in Ionen zerfallen. Schwache Säuren liegen vor, wenn nur wenige Moleküle in Ionen zerfallen sind.

>!< **Säurekonstante K_S:**
Durch Anwendung des MWG auf die Säureprotolyse folgt:

$$K = \frac{[H_3O^+] \cdot [R^-]}{[HR] \cdot [H_2O]}$$

Da die Konzentration des Wassers praktisch konstant ist, wird deren Wert mit der Gleichgewichtskonstante „K" multipliziert:

$$K \cdot H_2O = K_S$$

$$K_S = \frac{[H_3O^+] \cdot [R^-]}{[HR]}$$

Die Säurekonstante K_S gibt direkt Auskunft über die Säurestärke einer bestimmten Säure.

Chemisches Gleichgewicht

?!◁ Säureexponent pK_S: Gemeint ist der negative dekadische Logarithmus der Säurekonstante K_S:

$$pK_S = -\lg K_S$$

Hat die Säurekonstante den Wert $10^{5,7}$, dann ist der pK_S-Wert -5,7.

Je kleiner der pK_S-Wert, umso größer ist die Konzentration von H_3O^+-Ionen in der Lösung, d. h. umso stärker ist die betreffende Säure.

?!◁ Basenstärke: Basen bilden mit Wasser Gleichgewichtsreaktionen, so genannte Protolysen: $B + H_2O \rightleftharpoons BH^+ + OH^-$. Diese Gleichgewichtsreaktion besagt, dass nicht alle Basenmoleküle dem Wasser ein Proton entreißen konnten.

Starke Basen reagieren vollständig oder weitgehend mit Wasser. Schwache Basen reagieren kaum mit Wasser.

?!◁ Basenkonstante K_B:
Durch Anwendung des MWG auf die Basenprotolyse folgt:

$$K = \frac{[BH^+] \cdot [OH^-]}{[B] \cdot [H_2O]}$$

Wasser wird (siehe Säurekonstante) als konstant betrachtet und mit der Gleichgewichtskonstante multipliziert:

Chemisches Gleichgewicht

$$K_B = \frac{[BH^+] \cdot [OH^-]}{[B]}$$

Die Basenkonstante K_B gibt direkt Auskunft über die Basenstärke einer bestimmten Base.

>!< **Basenexponent pK_B:** Der negative dekadische Logarithmus der Basenkonstante K_B:

$$pK_B = -\lg K_B$$

Je kleiner der pK_B-Wert, umso größer ist die Konzentration der OH^--Ionen.

Zusammenhang zwischen pK_S und pK_B:

In verdünnten Lösungen gilt:

$K_S \cdot K_B = [H_3O^+] \cdot [OH^-] = 10^{-14}$ mol²/l² (bei 22 °C)

Aus $K_S \cdot K_B = 10^{-14}$ folgt:

$$pK_S + pK_B = 14$$

Somit lässt sich der pK_B-Wert berechnen, wenn der pK_S-Wert bekannt ist.

$NH_4^+ \rightleftharpoons NH_3 + H^+$; $pK_B = 4{,}75$
$pK_S = 14 - 4{,}75 = 9{,}25$

5. Der pH-Wert

>!< Er ist definiert als der negative dekadische Logarithmus der Oxoniumionen-Konzentration (H_3O^+):

Chemisches Gleichgewicht

$$pH = -\lg [H_3O^+]$$

Aus der Autoprotolyse des Wassers lässt sich durch Anwendung des MWG das Ionenprodukt des Wassers formulieren:

$$H_2O + H_2O \rightleftharpoons H_3O^+ + OH^- \text{ (Autoprotolyse)}$$
$$K_W = [H_3O^+] \cdot [OH^-]$$

Das Ionenprodukt des Wassers K_W hat bei 22 °C den Wert 10^{-14} mol²/l². In reinem Wasser gilt $[H_3O^+]$ = $[OH^-]$, da Wasser weder sauer noch alkalisch reagiert.

Daher gilt: $[H_3O^+] = [OH^-] = 10^{-7}$ mol/l
$pH = -\lg [H_3O^+] = 7$

☻ pH-Werte von 0 – 6,9 sind Kennzeichen saurer Lösungen.
pH-Wert = 7 bedeutet neutrale Lösung.
pH-Werte von 7,1 – 14 sind Kennzeichen alkalischer Lösungen.

Eine Lösung weist eine Oxoniumionen-Konzentration $[H_3O^+]$ = 0,00068 mol/l auf. Der pH-Wert der Lösung berechnet sich folgendermaßen:

$$[H_3O^+] = 6{,}8 \cdot 10^{-4} \text{ mol/l}$$
$$\lg [H_3O^+] = 0{,}83 - 4$$
$$-\lg [H_3O^+] = 4 - 0{,}83$$
$$pH = 3{,}17$$

Chemisches Gleichgewicht

>!<| Indikatoren: Indikatoren sind organische Farbstoffe, die in sauren Lösungen eine andere Farbe als in neutralen und alkalischen Lösungen haben.

	alkalisch	sauer
Phenolphthalein:	rot	farblos
Methylorange:	rot	gelb
Lackmus:	blau	rot

>!<| Pufferlösungen: Sie sind definiert als ein gleichmolares Gemenge von schwachen Säuren und ihren korrespondierenden Basen. In gleichmolaren Lösungen gilt:
$$pH = pK_S$$
In Pufferlösungen ändert sich der pH-Wert nur unwesentlich, wenn geringe Mengen von Säuren bzw. Laugen zugegeben werden.

Beispiele für Pufferlösungen:
Acetatpuffer, aus Essigsäure und Acetat (HAc/Ac$^-$),

Ammoniumpuffer, aus Ammoniak und Ammonium (NH_3/NH_4^+),

Phosphatpuffer, aus Dihydrogenphosphat und Hydrogenphosphat ($H_2PO_4^-$/HPO_4^{2-}),

Carbonatpuffer des Blutes, aus Hydrogencarbonat und Kohlensäure HCO_3^-/H_2CO_3.

Chemisches Gleichgewicht

Berechnungsbeispiel:
Gegeben ist der Acetatpuffer (pK_S = 4,76) aus je 1 mol Essigsäure und 1 mol Acetat. 4 g Natriumhydroxid werden dazugegeben. Wie ändert sich der pH-Wert?
Vor Laugenzugabe gilt pH = pK_S = 4,76, da gleichmolare Lösung. Nach Laugenzugabe gilt: 4 g NaOH = 0,1 mol NaOH. Als starke Base zerfällt sie vollständig in Ionen. Es entsteht folgende Gleichgewichtsreaktion:

$$OH^- + HAc \rightleftharpoons Ac^- + H_2O$$

Dabei reagiert die starke Base (OH^-) mit der Essigsäure (HAc) vollständig zu Wasser und Acetat (Ac^-).
Daraus folgt: [HAc] nimmt um 0,1 mol/l ab: 0,9 mol/l
[AC^-] steigt um 0,1 mol/l: 1,1 mol/l.
Der Acetatpuffer bildet nun mit dem Wasser folgende Protolyse, auf die das MWG angewandt wird:

$$HAc + H_2O \rightleftharpoons H_3O^+ + Ac^-$$

$$K = \frac{[H_3O^+] \cdot [Ac^-]}{[HAc] \cdot [H_2O]} \qquad K_S = \frac{[H_3O^+] \cdot [Ac^-]}{[HAc]}$$

$$[H_3O^+] = \frac{K_S \cdot [HAc]}{[Ac^-]}$$

$$pH = pK_S - \lg \frac{[HAc]}{[Ac^-]} \qquad pH = 4,76 - \lg \frac{0,9}{1,1}$$

$+ \lg \frac{Ac^-}{HAc} \qquad \frac{1,1}{0,9}$

pH = 4,847; der pH-Wert ändert sich nur unwesentlich.

XI. Elektrochemie

1. Galvanische Elemente

Taucht man zwei verschiedene Metalle (Elektroden) jeweils in Salzlösungen (Elektrolyte) des betreffenden Metalls, die durch eine Elektrolyt-Brücke (Stromschlüssel) verbunden sind, so kann zwischen den Metallen eine elektrische Spannung (ein Potenzial) gemessen werden. Das ist ein galvanisches Element.

>!< **Normalelektroden:** Elektroden eines galvanischen Elementes nennt man Normalelektroden, wenn die betreffenden Salzlösungen 1molar sind (1 mol/l).
Jede Normalelektrode stellt mit ihrer Salzlösung ein Redoxsystem dar, man nennt es galvanisches Halbelement.

Kupfer wird in 1molare $CuSO_4$-Lösung, Zink in 1molare $ZnSO_4$-Lösung getaucht. Zwischen beiden Elektroden liegt eine Spannung von 1,11 Volt:

Zn	$\rightleftharpoons$	$Zn^{2+} + 2e^-$	Zink-Normalelektrode
$Cu^{2+} + 2e^-$	$\rightleftharpoons$	Cu	Kupfer-Normalelektrode
$Zn + Cu^{2+}$	$\rightleftharpoons$	$Cu + Zn^{2+}$	Galvanisches Element

Normalwasserstoffelektrode: Sie besteht aus einem Platinblech, das in eine 1,2molare Salzsäurelösung eintaucht (sie enthält dann 1 mol H_3O^+-Ionen) und von

Wasserstoffgas umspült wird. Platin spaltet katalytisch die Wasserstoffmoleküle des Gases in Wasserstoffatome, die auf der Oberfläche des Platinblechs eine „feste" Wasserstoffelektrode bilden. Die Normalwasserstoffelektrode ist der (willkürliche) Bezugspunkt für Spannungsmessungen zwischen galvanischen Elementen und ihr wird das Potenzial Null zugeordnet.

Das Normalpotenzial: Zwischen allen Normalelektroden und der Normalwasserstoffelektrode treten Spannungswerte auf, die so genannten Normalpotenziale (ε_0).

☺ Das Normalpotenzial erhält ein negatives Vorzeichen, wenn die betreffende Normalelektrode an die Normalwasserstoffelektrode Elektronen abgibt, bzw. im umgekehrten Fall ein positives Vorzeichen.

Das Normalpotenzial kann als Stoffeigenschaft des betreffenden Elektrodenmaterials aufgefasst werden.

2. Die Spannungsreihe der Elemente

Ordnet man alle bekannten Normalpotenziale nach Größe und Vorzeichen, so erhält man die Spannungsreihe der Elemente – besser, ihrer Redoxsysteme.

Tabellenausschnitt:
Metalle ε_0[V] (siehe nächste Seite):

Elektrochemie

K/K$^+$	Ca/Ca$_2^+$	Na/Na^{2+}	Mg/Mg^{2+}	Al/Al^{3+}	Zn/Zn^{2+}
-2,92	-2,76	-2,71	-2,38	-1,67	-0,76

Halogene ε_0[V]:

I$_2$/2I$^-$	Br$_2$/2Br$^-$	Cl$_2$/2Cl$^-$	F$_2$/2F$^-$
+0,54	+1,06	+1,36	+2,87

>!< Jedes Metall reduziert die rechts von ihm stehenden Metallionen. Jedes Halogen oxidiert die links von ihm stehenden Halogenidionen.

Stärker negatives Normalpotenzial bedeutet höherer „Elektronendruck" als weniger negatives oder sogar positives Normalpotenzial einer anderen Normalelektrode. Dadurch ist eine Vorhersage möglich, in welche Richtung die Elektronen (d. h. der Strom) fließen werden.

Die Zink-Normalelektrode besteht aus Zinkmetall und Zinkionen: Zn/Zn^{2+}: ε_0 = -0,76 V
Die Kupfer-Normalelektrode besteht analog dazu aus dem Halbelement Cu/Cu^{2+}: ε_0 = +0,35 V
Aus den Vorzeichen der Normalpotenziale folgt: Die Elektronen wandern vom Zink zum Kupfer, also gibt Zink Elektronen ab, die Kupferionen nehmen sie auf:
Halbelement 1: Zn $\rightleftharpoons$ Zn^{2+} + 2e$^-$ Oxidation
Halbelement 2: 2e$^-$ + Cu^{2+} $\rightleftharpoons$ Cu   Reduktion
Gesamt: Zn + Cu^{2+} $\rightleftharpoons$ Cu + Zn^{2+} Redoxreaktion

Elektrochemie

3. Die Nernstsche Gleichung

Für eine allgemeine Redoxreaktion nA + mB $\rightleftharpoons$ xC + yD gilt:

$$E = \Delta E_0 + \frac{0{,}059}{n} \cdot \lg \frac{[C]^x \cdot [D]^y}{[A]^n \cdot [B]^m}$$

E = Gesamtspannung (Redoxpotenzial)
ΔE_0 = Differenz der Normalpotenziale (Positiveres vom Negativeren abziehen)
n = Zahl der wandernden Elektronen
0,059 = temperaturabhängige Konstante (25 °C)

Nernstsche Gleichung für Halbelemente:

$$\varepsilon = \Delta \varepsilon_0 + \frac{0{,}059}{n} \cdot \lg \frac{[Ox]}{[Red]}$$

ε = durch Konzentrationsänderung erreichtes neues Potenzial
ε_0 = Normalpotenzial
0,059 = temperaturabhängige Konstante (25 °C)
[Ox] = Konzentration der oxidierten Form
[Red] = Konzentration der reduzierten Form

Cu	$\rightleftharpoons$	Cu^{2+} + 2e$^-$
Reduzierte		Oxidierte
Form = Red		Form = Ox

Elektrochemie

Für die Konzentration des Metalls (z. B. Cu) wird der Wert „1" eingesetzt.

4. Batterien

Taschenlampenbatterien (Leclanché-Element):
Sie bestehen im Prinzip aus Zink und Braunstein (MnO_2), die sich in einem Elektrolyten befinden, der aus eingedicktem Ammoniumchlorid (NH_4Cl) besteht.
Als Kathode dient ein Kohlestift, der von Braunstein umhüllt wird.

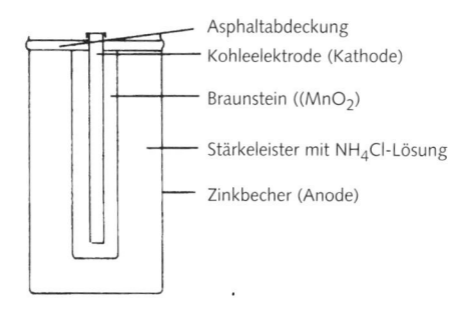

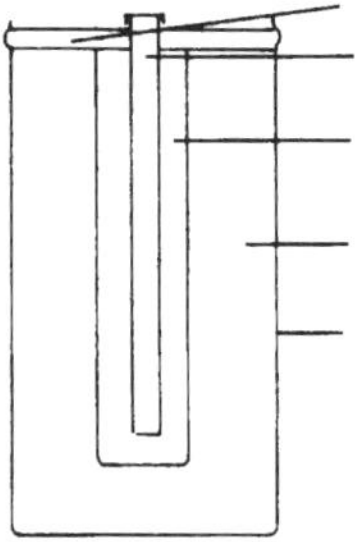

- Asphaltabdeckung
- Kohleelektrode (Kathode)
- Braunstein ((MnO_2))
- Stärkeleister mit NH_4Cl-Lösung
- Zinkbecher (Anode)

Zur Stromlieferung finden folgende chemische Reaktionen statt:

$$Zn \rightarrow Zn^{2+} + 2e^-$$
$$2MnO_2 + 2e^- + 2H_3O^+ \rightarrow Mn_2O_3 + 3H_2O$$
$$Zn + 2MnO_2 + 2H_3O^+ \rightarrow Mn_2O_3 + 3H_2O + Zn^{2+}$$

Elektrochemie

Die benötigten $2H_3O^+$-Ionen stammen aus der Protolyse der Ammoniumionen des Elektrolyten:

$$NH_4^+ + H_2O \rightleftharpoons NH_3 + H_3O^+$$

Der dabei gebildete Ammoniak würde als Gas die Batteriehülle sprengen. Das aber wird von den Zinkionen verhindert:

$$Zn^{2+} + 2NH_3 \rightarrow [Zn(NH_3)_2]^{2+}$$

Das so gebildete Diaminzinkion verbindet sich mit den Chloridionen des Elektrolyten zu schwer löslichem Diaminzink(II)-chlorid. Dieses galvanische Element liefert 1,5 Volt.

☺ **Bleiakkumulator:** Diese bekannte Batterie findet vor allem in Kraftfahrzeugen als Stromquelle für den Anlasser weite Verbreitung.

Bauprinzip:
Zwei Bleiplatten (Pb) tauchen in 20%ige Schwefelsäure (H_2SO_4). Blei reagiert dabei (kurz) mit der Schwefelsäure zu Blei(II)-sulfat (schwer löslich!) und Wasserstoffgas:
$$H_2SO_4 + Pb \rightarrow PbSO_4 + H_2$$
Das schwer lösliche Bleisulfat verhindert die Auflösung der Bleiplatten in der Schwefelsäure.

Dies ist kein galvanisches Element, da zwei gleiche Elektroden ($PbSO_4$) in einen Elektrolyten tauchen.

Elektrochemie

Ladevorgang:
Durch Elektrolyse werden die Elektroden polarisiert:
Die Kathode wird zum Minuspol und die Anode wird zum Pluspol.

Kathode: $Pb^{2+} + 2e^- \rightarrow Pb$
Anode: $2Pb^{2+} + 6H_2O \rightarrow PbO_2 + 2e^- + 4H_3O^+$
          $\underline{2Pb^{2+} + 6H_2O \rightarrow Pb + PbO_2 + 4H_3O^+}$
Stoffgl.: $2PbSO_4 + 2H_2O \rightarrow Pb + PbO_2 + 2H_2SO_4$

Stromentnahme (Entladen):
Dabei verlaufen die Redoxreaktionen des Ladevorgangs in umgekehrter Richtung:

⊖ Pol : $Pb \rightarrow Pb^{2+} + 2e^-$ = -0,28V
⊕ Pol : $PbO_2 + 2e^- + 4H_3O^+ \rightarrow 2Pb^{2+} + 6H_2O$ = 1,78 V
        $\overline{Pb + PbO_2 + 4H_3O^+ \rightarrow 2Pb^{2+} + 6H_2O}$ = 1,5 V
Stoffgl.: $Pb + PbO_2 + 2H_2SO_4 \rightarrow 2PbSO_4 + 2H_2O$

☹ Da beim Entladen Wasser gebildet wird, verdünnt sich die Schwefelsäure; die Spannung zwischen den Polen sinkt. Zudem kann die Batterie bei niedriger Außentemperatur gefrieren und somit zerstört werden.

Polarisation:

Zwei gleiche Metalle, die in den gleichen Elektrolyten tauchen, bilden kein galvanisches Element. Durch Elektrolyse können aber die Metalle mit unterschiedlichen Oberflächen versehen werden, sodass nun eine elektrische Spannung zwischen diesen Elektroden herrscht. Die Elektroden wurden polarisiert.

Taucht man zwei Platinbleche in verdünnte Schwefelsäure, so kann zwischen diesen Elektroden keine Spannung gemessen werden. Legt man von außen durch eine Gleichstromquelle eine Spannung an die Elektroden, so überziehen sich die Platinbleche mit einer Wasserstoff- bzw. Sauerstoffhaut. Somit haben sich Wasserstoff- und Sauerstoffelektroden gebildet:

Kathode: $4H_3O^+ + 4e^- \rightarrow 2H_2 + 4H_2O$
Anode: $6H_2O \rightarrow O_2 + 4H_3O^+ + 4e^-$
Gesamt: $2H_2O \rightarrow 2H_2 + O_2$

Bei der Stromentnahme kehren sich die Redoxreaktionen um.

Brennstoffzelle:
Sie stellt eine Energiequelle dar, die sich durch einen hohen Wirkungsgrad, einen niedrigen Brennstoffverbrauch und ihre Umweltfreundlichkeit auszeichnet.

Saure Zelle:
Die Elektroden bestehen aus porösen Nickelplatten, die in verdünnte Schwefelsäure tauchen. An der Anode wird unter Druck Wasserstoffgas eingeblasen, an der Kathode Sauerstoffgas (Nickel wirkt als Katalysator für die Spaltung der Wasserstoffmoleküle in Wasserstoffatome).

Elektrochemie

Stromentnahme:
Kathode: $O_2 + 4H_3O^+ + 4e^- \rightarrow 6H_2O$
Anode: $4H_2O + 2H_2 \rightarrow 4H_3O^+ + 4e^-$
Gesamt: $2H_2 + O_2 \rightarrow 2H_2O$

Da ständig Wasser gebildet wird, verdünnt sich die Schwefelsäure; sie muss daher häufig erneuert werden.

<u>Alkalische Zelle:</u>
Die Nickelelektroden sind in Schwefelsäure nicht beständig und müssen daher oft ausgetauscht werden. In den alkalischen Zellen wird das vermieden. Elektrolyt ist hier Kalilauge (KOH).
Stromentnahme:
Kathode: $O_2 + 2H_2O + 4e^- \rightarrow 4OH^-$
Anode: $2H_2 + 4OH^- \rightarrow 4H_2O + 4e^-$
Gesamt: $2H_2 + O_2 \rightarrow 2H_2O$

5. Korrosionsvorgänge

>!< **Lokalelemente:** Ein Lokalelement ist ein kurzgeschlossenes galvanisches Element, das sich in einem Elektrolyten befindet.

Eine Zinkelektrode wird mit einer Kupferelektrode über ein Amperemeter verbunden und in verdünnte Schwefelsäure gebracht. Dabei ist ein Stromfluss zu beobachten, wobei am Kupfer Wasserstoffgas entwickelt wird. Die

Elektrochemie

Zinkelektrode löst sich allmählich auf.
Chemische Reaktion:

$Zn \rightarrow Zn^{2+} + 2e^-$
$2H_3O^+ + 2e^- \rightarrow H_2 + 2H_2O$ (am Kupfer!)

Die Entladung der H_3O^+-Ionen erfolgt nicht am unedlen Zink, wie eigentlich zu erwarten wäre, sondern am Kupfer, da die positiv geladenen Zinkionen die Annäherung der H_3O^+-Ionen an das Zink verhindern.

>!< **Der Korrosionsvorgang:** Unter Korrosion versteht man die zerstörende Wirkung elektrochemischer Reaktionen des Metalls mit Stoffen der Umgebung von der Oberfläche her. Meist bilden sich dabei einfache galvanische Elemente.

>!< **Der Rostvorgang:** Unter Rosten versteht man die chemische Reaktion von Eisen mit Wasser unter Mitwirkung von Sauerstoff. Der Rostvorgang kann nur schwer beendet werden, da das entstehende Eisenoxid ($Fe_2O_3 \cdot H_2O$) keine feste Oxidschicht bildet, sondern leicht abblättert und somit dem Wasserdampf gute Kondensationsmöglichkeiten bietet.

Chemische Reaktionen:
Stufenweise Oxidation des Eisens:

$Fe \rightarrow Fe^{2+} + 2e^-$
$Fe^{2+} \rightarrow Fe^{3+} + e^-$

Elektrochemie

Reduktion des Sauerstoffs:
$4H_3O^+ + O_2 + 4e^- \rightarrow 6H_2O$
Das Wasser liefert zusätzlich OH⁻-Ionen:
$4H_3O^+ + O_2 + 4e^- + 4OH^- \rightarrow 6H_2O + 4OH^-$
Eisenionen reagieren mit den OH⁻-Ionen:
$Fe^{3+} + 3OH^- \rightarrow Fe(OH)_3$
Rostbildung:
$2Fe(OH)_3 \rightarrow Fe_2O_3 \cdot H_2O + 2H_2O$

Rostschutzmethoden:

Überzug mit schützenden Metallschichten:
Galvanisieren: Das Eisenwerkstück bildet die Kathode bei einer Elektrolyse mit der Salzlösung des schützenden Metalls. Geeignete Metalle sind: Nickel, Kupfer und Chrom. Ein wirksamer Schutz wird nur erreicht, wenn das Eisen lückenlos vom schützenden Metall überzogen wird, da bei einer Verletzung der Schutzschicht ein Lokalelement entsteht, wobei das unedlere Eisen oxidiert (rostet).

☺ Eine Ausnahme bildet das Zink: Eine Zinkschutzschicht schützt wirksam vor Korrosion, da Zink als unedles Metall in Lösung geht und Eisen als edleres Metall erhalten bleibt.

Festhaltende Überzüge aus deckenden Anstrichen:
Emaillieren: Das Eisenwerkstück wird mit einer Glasur aus Quarzsand überzogen und gebrannt.
Leinölfirnis mit Mennige (Pb_3O_4): Mennige hat eine

leuchtend orangerote Farbe und war früher die bekannteste Rostschutzfarbe.

<u>Chemisch widerstandsfähige Eisenverbindungen:</u>
Rostumwandler arbeiten z. B. mit Tanninverbindungen, das sind Derivate der Gerbsäure. Andere Rostumwandler enthalten Phosphorsäure, die mit dem Eisen graues Eisenphosphat ($Fe_3(PO_4)_2$) bildet.

XII. Das Periodensystem der Elemente

Das Periodensystem wurde nach einem Ordnungsprinzip erstellt, das wesentliche Zusammenhänge zwischen den Elementen verdeutlicht. Der Atombau bestimmt die Reihenfolge der einzelnen Elemente im Periodensystem sowie die Zugehörigkeit zu den Gruppen. Auch die Einordnung der Elemente in die Perioden beruht auf dem Atombau.

Die Hauptgruppen

Ordnet man die Elemente nach steigenden Atommassen, so zeigen sich periodisch bei jedem 9. Element ähnliche Eigenschaften. Setzt man diese Elemente untereinander, so erhält man Elementfamilien, die Hauptgruppen (sie tragen in der Kopfleiste des PSE die römischen Zahlen I bis VIII). Gruppen im PSE sind senkrecht angeordnet. Die Nummer der Hauptgruppe entspricht der Anzahl der Valenzelektronen dieser Atome.

Die Perioden

Werden die Elemente der Hauptgruppen nach steigender Atommasse ihrer Atome geordnet, dann kehren Atome mit einer bestimmten Anzahl von Valenzelektronen regelmäßig – periodisch – wieder.

>!< Jeweils nebeneinander stehende Elemente bilden eine Periode. Sie ändern ihre charakteristischen Eigen-

Periodensystem

schaften schrittweise mit der Atommasse (siehe Atombau). Das erste Element einer Periode ist dabei stets ein Leichtmetall (Alkalimetall), das letzte ein Edelgas. Die Elemente sind mit Großbuchstaben K bis Q bzw. mit den Zahlen 1 bis 7 versehen und sie sind im PSE waagrecht angeordnet.

☺ Die Nummer der Periode entspricht der Anzahl der besetzten Elektronenschalen sowie der Nummer der besetzten äußeren Elektronenschale.

Da sich alle Elektronen in Abhängigkeit vom Atomkern bewegen, ordnet man Elektronen mit ähnlicher Entfernung vom Atomkern jeweils einer Elektronenschale zu. Die Valenzelektronen halten sich dann auf der äußeren Schale auf.

Die Ordnungszahl

Die Elemente tragen eine fortlaufende Nummer, die Ordnungszahl. Sie ist gleich der Anzahl von Protonen im Atomkern des jeweiligen Elements (siehe Atombau). Gleichzeitig wird damit auch die Elektronenzahl in der Hülle angegeben.

Die Eigenschaften der Elemente sind von der Elektronenzahl der Valenzelektronen (siehe Atombau) abhängig. Die Ordnungszahl steht im Symbol links neben dem Symbol für das Element.

Periodensystem

Tabellenausschnitt aus dem PSE
(gekürzte Form, Hauptgruppen):

	I	II	III	IV	V	VI	VII	VIII
K	$_1$H							$_2$He
L	$_3$Li	$_4$Be	$_5$B	$_6$C	$_7$N	$_8$O	$_9$F	$_{10}$Ne
M	$_{11}$Na	$_{12}$Mg	$_{13}$Al	$_{14}$Si	$_{15}$P	$_{16}$S	$_{17}$Cl	$_{18}$Ar
N	$_{19}$K	$_{20}$Ca	*$_{31}$Ga	$_{32}$Ge	$_{33}$As	$_{34}$Se	$_{35}$Br	$_{36}$Kr
O	$_{37}$Rb	$_{38}$Sr	*$_{49}$In	$_{50}$Sn	$_{51}$Sb	$_{52}$Te	$_{53}$I	$_{54}$Xe
P	$_{55}$Cs	$_{56}$Ba	*$_{81}$Tl	$_{82}$Pb	$_{83}$Bi	$_{84}$Po	$_{85}$At	$_{86}$Rn
Q	$_{87}$Fr	$_{188}$Ra						

*Nebengruppen-Elemente sowie Lanthaniden und Actiniden

☺ Die Isotopenzahl, also die Zahl der Protonen plus Neutronen im Kern, schreibt man links oben neben das Symbol des Elements.

XIII. Die Hauptgruppenelemente

1. Der Wasserstoff ($_1$H)

Wichtige Isotope: $^1_1$H der „normale" Wasserstoff; $^2_1$H Deuterium, schwerer Wasserstoff; $^3_1$H Tritium; radioaktiver überschwerer Wasserstoff.

>!< Eigenschaften: Relative Atommasse 1,01; Dichte bei 0 °C und 101,3 kPa 0,09 g/l, leichtestes Element; geruchlos; farblos; in Wasser bei Normaldruck fast unlöslich; brennbar, Entzündungstemperatur ca. 600 °C.

Herstellung:
a) Durch Elektrolyse von Wasser entsteht an der Kathode Wasserstoff. Durch Solarenergie ist eine wirtschaftliche Herstellung möglich:
$2H_2O \rightarrow 2H_2 + O_2$
b) Durch Reaktion unedler Metalle mit Säuren:
z. B. $Mg + 2HCl \rightarrow MgCl_2 + H_2$

Verwendung:
a) Früher als Füllung für Luftschiffe (Explosionsgefahr!)
b) Zum autogenen Schweißen und Schneiden (2700 °C) im Knallgasgebläse ($H_2 + O_2$)
c) Als wichtiges Reduktionsmittel, z. B. zum Reduzieren von Kupferoxid zu Kupfer:
$CuO + H_2 \rightarrow Cu + H_2O$

Hauptgruppenelemente

d) In organischen Synthesen ist das Element Wasserstoff als Hydrierungsmittel (= Addition von Wasserstoff) unentbehrlich.

Wichtige Verbindungen:
Natürliches (Trink-)Wasser (H_2O):
Wasser schafft wesentliche Voraussetzungen für das Leben, Wasserstoff ist der Baustein des Universums. Es stellt ein sehr wichtiges Lösungs- und Transportmittel in allen Lebewesen dar.

😊 Der Mensch besteht zu ca. 60% aus Wasser. Trinkwasser ist eine Lösung verschiedenster Salze in geringer Konzentration.

Eigenschaften:
a) Wasser ist bei 20 °C eine farblose, geruchlose Flüssigkeit.
b) Abnormal hoher Siedepunkt bei 100 °C (auf Meereshöhe bei 101,3 kPa Druck)
c) Größte Dichte bei +4 °C, bei weiterem Abkühlen auf 0 °C wächst das Volumen um 1/11. Eis schwimmt daher auf dem Wasser, somit bleibt darunter Leben in Seen und Flüssen möglich.
d) Geringe Wärmeleitfähigkeit, wirkt dadurch ausgleichend auf das Klima.
e) Sehr geringe elektrische Leitfähigkeit (gilt nur für chemisch reines Wasser!).

Herstellung: Durch Knallgasreaktion:
$$2H_2 + O_2 \rightarrow 2H_2O$$

Wasserhärte: Verantwortlich für die Wasserhärte sind gelöste Calcium- und Magnesiumsalze. Hartes Wasser bedeutet allgemein, dass dieses Wasser viele gelöste Calcium- und Magnesiumsalze enthält.
Im natürlichen Kalkkreislauf nimmt das Regenwasser Kohlenstoffdioxid aus der Luft auf, es bildet sich Kohlensäure. Diese zersetzt Kalkstein unter Bildung von leicht löslichem Calciumhydrogencarbonat:
$$H_2CO_3 + CaCO_3 \rightarrow Ca(HCO_3)_2$$
Analog verläuft das Lösen von Magnesiumcarbonat. Ein Teil dieser gelösten Salze gelangt in das Grundwasser und verursacht dort die Wasserhärte.
Beim Erhitzen des Wassers werden leicht lösliche in schwer lösliche Verbindungen umgewandelt:
$$Ca(HCO_3)_2 \rightarrow CaCO_3 + H_2O + CO_2$$

💡 Die temporäre Härte (vorübergehende Härte) ist der Teil der Wasserhärte, der durch Erhitzen beseitigt werden kann. Die permanente Härte (bleibende Härte) wird von den Salzen gebildet, die beim Erhitzen nicht zerfallen. Temporäre und permanente Härte bilden zusammen die Gesamthärte.

Die Wasserhärte wird in Grad deutscher Härte (°dH) gemessen:

Hauptgruppenelemente

>!< 1 °dH = 0,18 mmol/l

Wasserstoffperoxid (H_2O_2):

Verwendung: Als Bleich- und Desinfektionsmittel, da es leicht atomaren Sauerstoff abspaltet, der dann Farbstoffe und Bakterien zerstört:
$$H_2O_2 \rightarrow H_2O + <O>$$
Aus Wasserstoffperoxid kann man in einem Gasentwickler durch Zugabe eines entsprechenden Katalysators (Braunstein) kleinere Mengen Sauerstoff herstellen.

2. Die I. Hauptgruppe – Alkalimetalle

Lithium, Symbol Li (griech. lithos = Stein, $_3$Li):
>!< Eigenschaften: Relative Atommasse 6,94; Dichte 0,53 g/cm; das leichteste Metall, verbrennt in reinem Sauerstoff bei 180,2 °C zu Li_2O Lithiumoxid:
$$4Li + O_2 \rightarrow 2Li_2O$$

Natrium, Symbol Na (hebr. neter = Soda, $_{11}$Na):
>!< Eigenschaften: Relative Atommasse 22,99; Dichte 0,97 g/cm³; weiches, silbrig glänzendes Metall, das an der Luft rasch Oxidschichten bildet (Na_2O, Na_2CO_3).

☻| Es reagiert mit Wasser heftig zu Natronlauge (NaOH), einer alkalischen Lösung:
$$2Na + 2H_2O \rightarrow 2NaOH + H_2$$

Der dabei entstehende Wasserstoff kann mithilfe der Knallgasprobe nachgewiesen werden.
Die Reaktion mit Alkohol ist weniger heftig. Man verwendet deshalb Ethanol zur Vernichtung von Na-Metallresten:

$$2Na + 2C_2H_5OH \rightarrow 2C_2H_5ONa + H_2$$

Mit Quecksilber kommt es zur Bildung von Natrium-Amalgam (NaHg) unter Feuerschein.
Aufbewahrung stets unter Petroleum oder Paraffinöl!

Herstellung:
Durch Schmelzelektrolyse von Ätznatron (festes NaOH):

Schmelze: NaOH $\rightarrow$ $Na^+ + OH^-$
Kathode: $4e^- + 4Na^+$ $\rightarrow$ $4Na$
Anode: $4OH^-$ $\rightarrow$ $2H_2O + O_2 + 4e^-$

Verwendung: Aufgrund der heftigen Reaktion mit Wasser wird Natrium in der organischen Chemie als Trocknungsmittel für Lösungsmittel, z. B. Ether eingesetzt. Geschmolzenes Natrium wird in bestimmten Kernkraftwerken als Kühlmittel verwendet; in Natriumdampflampen zur Gelbfärbung des Lichtes.

Wichtige Verbindungen:
Natriumchlorid (Kochsalz, NaCl):

Natürliches Vorkommen: Als Steinsalz bildet es große Lagerstätten, die bergmännisch abgebaut werden.

Hauptgruppenelemente

Aus dem Meerwasser wird es in großflächigen Salinen durch Verdunstung gewonnen.

>!< Eigenschaften: Bildet würfelförmige Kristalle, die in Wasser leicht löslich sind; in 100 g Wasser können sich bei 20 °C bis zu 35,85 g Kochsalz lösen, dann ist die Lösung gesättigt. Die Löslichkeit ist, wie bei allen Salzen, temperaturabhängig. Die Kristalle sind weiß, spröde und schmelzen bei 800 °C. Sie leiten nicht den elektrischen Strom. Dagegen können Schmelze und Natriumchloridlösung den elektrischen Strom leiten, weil dann das Salz in dissoziierter Form als $Na^+ + Cl^-$ vorliegt.

Herstellung: Durch direkte Synthese aus Natrium und Chlorgas:

$$2Na + Cl_2 \rightarrow 2NaCl$$

Verwendung: Kochsalz ist ein wichtiger Ausgangsstoff zur Herstellung vieler Natrium- und Chlorverbindungen; es dient auch der Chlorgasherstellung durch Elektrolyse.

☺ Weitere Verwendungsmöglichkeiten: Als Speisewürze; als Auftaumittel bei Eisglätte; zur Herstellung von Kältemischungen (zusammen mit Eis können Temperaturen von -10 °C erreicht werden); als Konservierungsmittel zum Pökeln von Fleisch; zur Herstellung physiologischer Kochsalzlösung, die als Blutersatz bei hohem Blut-

verlust eingesetzt wird (0,9%ige Lösung).
In Gerbereien wird es zum Verarbeiten von Tierhäuten, in der Textilindustrie als Zusatz beim Färben von Stoffen bzw. im Haushalt und Gewerbe zum Enthärten von Wasser verwendet.

Natriumhydroxid (Ätznatron bzw. Natronlauge, NaOH):
NaOH kommt als Reinstoff in der Natur nicht vor; es muss daher hergestellt werden.

>!< Eigenschaften: Ätznatron ist ein weißer, kristalliner, stark ätzender und hygroskopischer (d. h. wasserziehender) Feststoff. Er muss luftdicht aufbewahrt werden, da er mit dem CO_2 der Luft Natriumcarbonat (Na_2CO_3) bildet:
$$2NaOH + CO_2 \rightarrow Na_2CO_3 + H_2O$$

Ätznatron reagiert unter Wärmefreisetzung mit Wasser zu Natronlauge (NaOH), einer starken Base.

Herstellung: Bei der elektrolytischen Herstellung aus Kochsalz, der so genannten Chloralkalielektrolyse, gibt es zwei technische Verfahren:

Diaphragmaverfahren:
Der Kathoden- und Anodenraum wird durch ein Diaphragma (poröse Scheidewand) getrennt, um eine Durchmischung der Reaktionsprodukte zu verhindern. An der Kathode werden die durch Dissoziation des

Hauptgruppenelemente

Wassers gebildeten Wasserstoff-Ionen entladen, an der Anode werden die Chloridionen entladen, die aus der Dissoziation des Natriumchlorids stammen:

	$2H_2O$	$\rightleftharpoons$	$2H^+ + 2OH^-$
Kathode:	$2H^+ + 2e^-$	$\rightarrow$	H_2
	$2NaCl$	$\rightleftharpoons$	$2Na^+ + 2Cl^-$
Anode:	$2Na^+ + 2OH^-$	$\rightleftharpoons$	$2NaOH$
Gesamt:	$2H_2O + 2NaCl$	$\rightarrow$	$H_2 + 2NaOH + Cl_2$

Die nicht entladenen Na^+- und OH^--Ionen verbleiben als NaOH in der Lösung.

Amalgamverfahren:
Kathoden- und Anodenraum sind hier durch eine feste Wand voneinander getrennt. Die einzige Verbindung stellt eine gemeinsame Bodenschicht von flüssigem Quecksilber her. Der Anodenraum ist mit Kochsalzlösung gefüllt, der Kathodenraum enthält reines Wasser. Im Anodenraum wirkt das Quecksilber als Kathode und entlädt die Na^+-Ionen zu Natriummetall, das mit Quecksilber eine Legierung – das Amalgam – bildet. Diese Legierung reagiert mit dem Wasser des Kathodenraumes, wobei chloridfreie Natronlauge entsteht:

Kathodenraum:	$2NaHg + 2H_2O$	$\rightarrow 2NaOH + H_2 + 2Hg$
Anodenraum:	$Na^+ + e^-$	$\rightarrow Na$
	$Na + Hg$	$\rightarrow NaHg$ (Amalgam)

Quecksilber wird dabei kontinuierlich zurückgewonnen.

Ein weniger gebräuchliches Verfahren neben der Elektrolyse ist das Carbonatverfahren:

$$Na_2CO_3 + Ca(OH)_2 \rightarrow 2NaOH + CaCO_3$$

Der schwer lösliche Kalk ($CaCO_3$) kann leicht abfiltriert werden.

Natriumcarbonat (Soda, Na_2CO_3):

Soda kommt in einigen Salzseen auskristallisiert vor (Mexiko, Ostafrika und Ägypten).

>!< Eigenschaften: Soda bildet wasserhaltige farblose Kristalle, die an der Luft ihr Kristallwasser leicht abgeben (verwittern) und zu einem weißen Pulver zerfallen. Es ist in Wasser leicht löslich.

Die wässrige Lösung reagiert alkalisch, weil das Salz einer schwachen Säure (H_2CO_3 = Kohlensäure) eine starke Base ist. Mit relativ starken Säuren (z. B. HCl) reagiert Soda zu Wasser und Kohlenstoffdioxid und dem Salz der stärkeren Säure.

Eine starke Säure verdrängt die schwächere aus ihren Salzen:

$$Na_2CO_3 + 2HCl \rightarrow 2NaCl + H_2O + CO_2$$
$$(H_2O + CO_2 \rightarrow H_2CO_3 \text{ Kohlensäure})$$

Herstellung: Das Solvay-Verfahren: Ammoniakgas und Kohlenstoffdioxid werden in eine gesättigte Kochsalz-

Hauptgruppenelemente

lösung eingeleitet. Dabei bildet sich schwer lösliches Natriumhydrogencarbonat (NaHCO$_3$), das anschließend in großen Drehöfen zu Soda gebrannt wird:

$NH_3 + H_2O + CO_2 + NaCl \rightarrow NaHCO_3 + NH_4Cl$
$2 NaHCO_3 \rightarrow Na_2CO_3 + H_2O + CO_2$

☻ Das Solvay-Verfahren hat sich als sehr wirtschaftlich erwiesen, da freigesetztes CO_2 wieder eingesetzt und zudem teures Ammoniakgas wiedergewonnen wird:

$2 NH_4Cl + Ca(OH)_2 \rightarrow 2 NH_3 + 2 H_2O + CaCl_2$

Verwendung: Zur Herstellung von synthetischen Tensiden; zur Glasherstellung; in Ionenaustauschern zur Wasserenthärtung; zur Herstellung von Ultramarin.

Natriumhydrogencarbonat
(Natriumbicarbonat, Natron, NaHCO$_3$):

☻ Natriumhydrogencarbonat wurde früher unter der Bezeichnung Natron gegen Sodbrennen eingenommen. Dabei reagiert die Magensäure mit dem Natriumhydrogencarbonat unter Bildung von Kochsalz und Kohlensäure. Letztere zerfällt in Wasser und Kohlenstoffdioxid.

>!< Eigenschaften: Weißes, in Wasser lösliches Pulver, zerfällt bei 300 °C in Carbonat und CO_2 (siehe Solvay-Verfahren).

Verwendung: Als Backpulver (Backtriebmittel, da CO_2-Bildung beim Erhitzen); als Brausepulver in Limonaden; Mittel gegen Sodbrennen, da es leicht alkalisch wirkt und somit die Magensäure neutralisiert; als Feuerlöschpulver.

Natriumsulfat (Glaubersalz, Na_2SO_4):

Glaubersalz bildet einige Lagerstätten, z. B. in Asien und Kanada.

>!< Eigenschaften: Farbloses, leicht lösliches, kristallines Salz.

Herstellung: Aus Schwefelsäure und Kochsalz, nach folgendem Prinzip:
Die schwer flüchtige Säure (H_2SO_4 = Schwefelsäure) vertreibt die leicht flüchtige Säure (HCl = Salzsäure) aus ihren Salzen:

$$H_2SO_4 + 2NaCl \rightarrow Na_2SO_4 + 2HCl$$

Gebräuchlichere Herstellung aus einer gesättigten Lösung bestehend aus Magnesiumsulfat ($MgSO_4$) und Kochsalz:

$$MgSO_4 + 2NaCl \rightarrow MgCl_2 + Na_2SO_4$$

Verwendung: Bei der Glasherstellung; zur Zellstoff- und Papierherstellung; beim Färben; zur Herstellung pharmazeutischer Präparate.

Natriumthiosulfat (Fixiernatron, $Na_2S_2O_3$):
>!< Eigenschaften: Farblose, in Wasser leicht lösliche Kristalle.

Hauptgruppenelemente

Herstellung: Durch Kochen von Natriumsulfitlösungen (Na_2SO_3) mit Schwefel:
$$Na_2SO_3 + S \rightarrow Na_2S_2O_3$$

Verwendung: Als Fixiersalz in der Fotografie dient es zum Herauslösen des unbelichteten Silberhalogenids (AgCl/AgBr).
In Bleichereien wird es als „Antichlor" zum Entfernen des Chlors aus chlorgebleichten Geweben eingesetzt, da es Chlor zu Chlorid reduziert und selbst zu Sulfat oxidiert wird:

$S_2O_3^{2-} + 15H_2O \quad \rightarrow \quad 2SO_4^{2-} + 10H_3O^+ + 8e^-$
$4Cl_2 + 8e^- \quad \rightarrow \quad 8Cl^-$
$S_2O_3^{2-} + 4Cl_2 + 15H_2O \rightarrow 2SO_4^{2-} + 8Cl^- + 10H_3O^+$

Natriumnitrat (Chilesalpeter, $NaNO_3$):

Natriumnitrat wird aus seinen natürlichen Lagern in der Wüste Atakama (Chile und Peru) abgebaut; kleinere Lagerstätten in Ägypten, Kleinasien und Kolumbien.

>!< Eigenschaften: Farblose, hygroskopische, in Wasser leicht lösliche Kristalle. Natriumnitrat gibt beim Erhitzen leicht Sauerstoff ab, wobei Natriumnitrit entsteht:
$2NaNO_3 \rightarrow 2NaNO_2 + O_2$

Herstellung: Durch Neutralisation von Salpetersäure (HNO_3) mit Natronlauge:
$$HNO_3 + NaOH \rightarrow NaNO_3 + H_2O$$

Verwendung: Vorwiegend als Dünger. Zur Schwarzpulverherstellung ist es ungeeignet, da es hygroskopisch ist.

☺ Natriumnitrat kann zur Herstellung von Salpetersäure verwendet werden:
$$2NaNO_3 + H_2SO_4 \rightarrow 2HNO_3 + Na_2SO_4$$
In Glasschmelzen dient es als Oxidationsmittel für bestimmte Farbeffekte.

Kalium, Symbol K (arab. al kalja = Pflanzenasche, $_{19}$K):

>!< Eigenschaften: Relative Atommasse 39,10; Dichte 0,86 g/cm³; ähnlich wie bei Natrium: ein weiches, leicht schneidbares Metall, mit silbriger Schnittfläche, die an der Luft sofort durch Oxidation verschwindet.

Es reagiert mit Wasser noch heftiger als Natrium, wobei sich der gebildete Wasserstoff entzündet:
$$2K + 2H_2O \rightarrow 2KOH + H_2$$
Zur Vernichtung von Kaliumresten (siehe Natrium) dient Alkohol, z. B. Pentanol:
$$2K + 2C_5H_{11}OH \rightarrow 2C_5H_{11}OK + H_2$$

Herstellung und Verwendung: siehe Natrium.

Wichtige Verbindungen:
Kaliumchlorid (KCl):
Kaliumchlorid wird als Bestandteil der Abraumsalze von

Hauptgruppenelemente

Steinsalzlagerstätten gewonnen.

>!< Eigenschaften: Es bildet farblose Kristallwürfel, die sich in Wasser leicht lösen.

Herstellung: Aus den Elementen, wie bei Natrium.

Verwendung: Wichtiger Bestandteil von Pflanzendüngern; Ausgangsstoff für fast alle Kaliumverbindungen.

Kaliumjodid (KI):
>!< Eigenschaften: Farblose, leicht wasserlösliche Kristallwürfel. Die wässrige Lösung kann Jod leicht lösen; es entsteht die bräunliche Jod-Jodkali-Lösung (KI · I_2), die zum Stärkenachweis verwendet wird.

Herstellung: Durch Umsetzung von Jod mit Kalilauge (KOH):
$$3I_2 + 6KOH \rightarrow 5KI + KIO_3 + 3H_2O$$
Das entstandene Kaliumjodid/-jodat-Gemenge wird anschließend geglüht und mit Kohlenstoff reduziert:
$$2KIO_3 + 3C \rightarrow 2KI + 3CO_2$$

Verwendung: Vorwiegend zum Jodieren von Speisesalz. Da die Schilddrüse ein jodhaltiges Hormon (Thyroxin) herstellen muss, kann durch jodiertes Speisesalz der Kropfbildung vorgebeugt werden.

Hauptgruppenelemente

Rubidium, Symbol Rb (lat. rubidus = rot, $_{37}$Rb):
>!< Eigenschaften: Relative Atommasse 85,47; Dichte 1,52 g/cm^3; sehr reaktionsfähiges Metall, oxidiert an der Luft unter Selbstentzündung; reagiert mit Wasser unter Aufglühen. Bei Bestrahlung mit Licht spaltet das Metall Elektronen ab (fotoelektrischer Effekt), es wird daher als optischer Sensor verwendet.

Herstellung: Aus den Chloriden kann es durch Schmelzelektrolyse oder im Vakuum durch Erhitzen mit Calcium gewonnen werden:
$$2RbCl + Ca \rightarrow CaCl_2 + 2Rb$$

Cäsium, Symbol Cs (lat. caesius = himmelblau, $_{55}$Cs):
>!< Eigenschaften: Relative Atommasse 132,91; Dichte 1,87 g/cm^3; noch reaktionsfähiger als Rubidium; Selbstentzündung mit Luftsauerstoff; Reaktion mit Wasser unter Aufglühen. Bei Bestrahlung mit Licht spaltet das Metall Elektronen ab (fotoelektrischer Effekt), es wird daher als optischer Sensor verwendet.

Herstellung: Durch Erhitzen des Dichromats mit Zirkonium (Zr) auf 500 °C im Hochvakuum:
$$Cs_2Cr_2O_7 + 2Zr \rightarrow 2Cs + 2ZrO_2 + Cr_2O_3$$

Francium, Symbol Fr (abgeleitet von Frankreich, $_{87}$Fr):
Radioaktives Element, chemisch unbedeutend.

Hauptgruppenelemente

3. Die II. Hauptgruppe – Erdalkalimetalle

Beryllium, Symbol Be (abgeleitet vom Beryll, $_4$Be):
>!< Eigenschaften: Relative Atommasse 9,01; Dichte 1,85 g/cm^3; hartes, stahlgraues, sprödes Metall; in verdünnten, nicht oxidierenden Säuren löslich; auch in wässrigen Alkalilaugen löslich.

Herstellung: Durch Schmelzelektrolyse der Chloride und Bromide.

Verwendung: Als Legierungsbestandteil der Berylliumbronze bildet es zusammen mit Kupfer ein Material, das keine Funken erzeugt. In Kernreaktoren dient es als Neutronenbremse.

Wichtige Verbindungen:
>!< **Beryll ($Be_3Al_2Si_6O_{18}$):**
Grundlage einiger Halbedelsteine:
Aquamarin ist ein Beryll, der durch Eisenverbindungen eine grünlich-hellblaue Farbe erhält.
Smaragd ist ein Beryll, der durch den Stoff Cr_2O_3 grün gefärbt ist.

Berylliumoxid (BeO):
Eigenschaften: Berylliumoxid ist ein weißes Pulver mit einem hohen Schmelzpunkt (2530 °C). Es ist im geglühten Zustand in Säuren schwer löslich.

Hauptgruppenelemente

Herstellung: Durch Glühen des Berylliumhydroxids:
$$Be(OH)_2 \rightarrow BeO + H_2O$$
Verwendung: Durch den hohen Schmelzpunkt findet Berylliumoxid als feuerfester Werkstoff Anwendung, z. B. bei der Auskleidung von Raketenmotoren.

Magnesium, Symbol Mg (Magnesia in Kleinasien, $_{12}$Mg):

>!< Eigenschaften: Relative Atommasse 24,31; Dichte 1,74 g/cm^3; silber-weißes, glänzendes, weiches und dehnbares, sehr leichtes Metall; überzieht sich an der Luft sofort mit einer Oxidschicht, die eine weitergehende Oxidation verhindert.

☹ Magnesium brennt mit sehr heller Flamme ab:
$$2Mg + O_2 \rightarrow 2MgO$$
Brennendes Magnesium kann nicht mit Wasser gelöscht werden, weil dabei brennbares Wasserstoffgas entsteht:
$$Mg + H_2O \rightarrow MgO + H_2$$
Auch Sand (SiO$_2$) ist nicht geeignet:
$$2Mg + SiO_2 \rightarrow 2MgO + Si$$
Mit Säuren reagiert Magnesium leicht unter Bildung entsprechender Salze und Wasserstoffgas, z. B. Salzsäure (HCl):
$$Mg + 2HCl \rightarrow MgCl_2 + H_2$$

Herstellung: Vorwiegend durch Schmelzelektrolyse aus MgCl$_2$; die Schmelze muss eine Temperatur von 740 °C haben; an der Stahlkathode bildet sich auf der Schmelze schwimmend Magnesium:

Hauptgruppenelemente

Schmelze: $MgCl_2 \rightarrow Mg^{2+} + 2Cl^-$
Kathode: $Mg^{2+} + 2e^- \rightarrow Mg$
Anode: $2Cl^- \rightarrow Cl_2 + 2e^-$

Verwendung: Häufiger Legierungsbestandteil von Leichtmetallwerkstoffen, z. B. zusammen mit Aluminium im Flugzeugbau. Auch die Rahmen sehr hochwertiger Fahrräder bestehen aus Magnesiumlegierungen. Das reine Metall wird für Blitzlichtpulver und Leuchtmunition sowie für Unterwasserfackeln verwendet.

Wichtige Verbindungen:
Magnesiumoxid (Magnesia, MgO):
>!< Eigenschaften: Weißes, feines Pulver oder gesinterter Festkörper (Magnesiastäbchen und Magnesiarinne); Schmelzpunkt 2600 °C.

Herstellung: Durch Verbrennen (Oxidation) von
Magnesium: $2Mg + O_2 \rightarrow 2MgO$

Verwendung: Beim Sport als Magnesiapulver, um den Handschweiß aufzunehmen (Geräteturnen, Klettern); gesintert als feuerfeste Magnesiarinne oder -stäbchen, um chemische Reaktionen bei sehr hohen Temperaturen durchführen zu können.

Calcium, Symbol Ca (lat. calx = Kalkstein, $_{20}$Ca):
In der Natur häufig in Verbindungen vorkommend, z. B.

im Kalkstein ($CaCO_3$). Calciumionen sind für die Wasserhärte verantwortlich.

>!< Eigenschaften: Relative Atommasse 40,08; Dichte 1,54 g/cm³. Calcium ist ein silberweißes, weiches, zähes Metall; reagiert heftig mit Sauerstoff; oxidiert an der Luft schnell; Aufbewahrung unter Petroleum oder Paraffinöl.

☻ Mit Wasser kommt es zu einer lebhaften Reaktion. Es reagiert mit Wasser heftiger als Magnesium. Dabei entsteht Wasserstoffgas:

$$Ca + 2H_2O \rightarrow Ca(OH)_2 + H_2$$

Verbrennt an der Luft ($N_2 + O_2$) mit hellroter Flamme:

$$8Ca + 2N_2 + O_2 \rightarrow 2CaO + 2Ca_3N_2$$

Herstellung: Durch Schmelzelektrolyse von Calciumchlorid bei 780 °C.

Wichtige Verbindungen:
Calciumoxid (Branntkalk, CaO):
>!< Eigenschaften: Calciumoxid ist ein weißer, stickiger Stoff, der mit Wasser unter Wärmeentwicklung reagiert.

Herstellung: Durch thermische Zersetzung von Calciumcarbonat ($CaCO_3$). Dabei zerfällt Calciumcarbonat beim Erhitzen ab 900 °C in Calciumoxid (CaO) und Kohlenstoffdioxid (CO_2):

$$CaCO_3 \rightarrow CaO + CO_2$$

Hauptgruppenelemente

Verwendung: Calciumoxid dient zur Herstellung von Düngemittel und Calciumcarbid (CaC_2) und ist ein wichtiger Baustoff. Zudem wird es als Zuschlagstoff bei der Stahlerzeugung sowie als Hilfsstoff bei der Zuckergewinnung eingesetzt.

Calciumcarbonat (Kalkstein, $CaCO_3$):

Calciumcarbonate kommen in der Natur als Kalkstein, Kreide und Marmor vor (siehe Carbonate).

>!< Eigenschaften: Schwer lösliche, farblose Kristalle (Kalkspat); wird auch von verdünnten Säuren zersetzt:
$$CaCO_3 + 2HCl \rightarrow CaCl_2 + CO_2 + H_2O$$

☻ Durch Einwirkung von Kohlensäure (H_2CO_3), die im Regenwasser enthalten ist, entsteht lösliches Hydrogencarbonat:
$$(Ca(HCO_3)_2: CaCO_3 + H_2CO_3 \rightarrow Ca(HCO_3)_2$$
Diese Lösung sickert in unterirdische Hohlräume und bildet dort nach Verdunstung des Wassers wieder Kalkstein als Tropfsteine. Kalkgebirge sind daher stark zerklüftet.

Verwendung: Brennen des Kalkes führt zu Calciumoxid, dem „gebrannten" Kalk, der zur Mörtelherstellung benötigt wird:
$$CaCO_3 \rightarrow CaO + CO_2$$
Schmelzen mit Sand (SiO_2), Soda und anderen führt zu

Glas. Auskleidung in Hochöfen (Thomas-Verfahren). Reines Calciumcarbonat wird Zahnpasta beigemengt; als Füllstoff bei der Papierherstellung.

Calciumhydroxid (Ätzkalk, Löschkalk, Ca(OH)$_2$):
>!< Eigenschaften: Bildet als weißes Pulver mit Wasser eine Suspension, die alkalisch reagiert. Die klare Lösung wird Kalkwasser genannt. Kalkwasser dient dem Nachweis von Kohlenstoffdioxid, da sich die klare Lösung beim Einleiten von CO_2 trübt:

$$Ca(OH)_2 + CO_2 \rightarrow CaCO_3 + H_2O$$

Wird weiter CO_2 eingeleitet, so löst sich der Kalkniederschlag wieder auf:

$$CaCO_3 + CO_2 + H_2O \rightarrow Ca(HCO_3)_2$$

Herstellung: Durch Reaktion von Branntkalk (CaO) mit Wasser (Löschen):

$$CaO + H_2O \rightarrow Ca(OH)_2$$

Verwendung: Zum Nachweis von CO_2 (siehe oben); zur Herstellung von Chlorkalk ((CaOCl)$_2$) und anderen Calciumverbindungen. Die wässrige Lösung von Calciumhydroxid, so genanntes Kalkwasser, benötigt man hauptsächlich bei der Herstellung von Zucker aus Rüben.

Calciumsulfat (Gips, CaSO$_4$):
>!< Eigenschaften: Weißes Kristallpulver, das in Wasser schwer löslich ist. Vorkommend auch als Alabaster (kör-

Hauptgruppenelemente

nig, weiß) und als Marienglas (durchsichtig).

☝ Als Naturgips enthält der Kristall sog. Kristallwasser, das in das Kristallgitter fest eingebaut ist ($CaSO_4 \cdot 2H_2O$). Durch Erhitzen auf ca. 130 °C erhält man gebrannten Gips oder Stuckgips. Gebrannter Gips ($CaSO_4 \cdot 1/2H_2O$) nimmt rasch Wasser auf ("bindet ab"):

$CaSO_4 \cdot 1/2H_2O + 1\ 1/2H_2O \rightarrow CaSO_4 \cdot 2H_2O$

Das Volumen vergrößert sich dabei um 1%.
Abgebundener Gips beansprucht mehr Raum als gebrannter Gips, daher können sehr genaue Gipsabdrücke (Kriminalistik, Kunst) angefertigt werden.

Verwendung: Gips verwendet man zur Herstellung von Innenputz, Gipsverbänden und Gipsabdrücken.

Calciumchlorid ($CACl_2$):

Verwendung: Als stark hygroskopisches Salz dient es als Trocknungsmittel in Exsikkatoren (Laborgerät).

Strontium, Symbol Sr (schott. Strontian, $_{38}Sr$):
Relative Atommasse 87, 62; Dichte 2,60 g/cm³.

Strontiumnitrat ($Sr(NO_3)_2$):

Verwendung: In Feuerwerkskörpern als "Rotfeuer".

Hauptgruppenelemente

Barium, Symbol Ba (griech. barys = schwer, $_{56}$Ba):
>!< Relative Atommasse 137,34; Dichte 3,65 g/cm^3; silbrig glänzendes Metall.

Bariumsulfat (Schwerspat, $BaSO_4$):
Der Name Schwerspat für das in der Natur vorkommende Mineral weist auf eine hohe Dichte hin (4,5 g/cm^3). Wegen seiner äußerst geringen Löslichkeit ist es ungiftig.

Verwendung: Dient als Röntgenkontrastmittel; Bestandteil des „Permanentweiß" für Malerfarbe. Wird bei der Papierherstellung zusammen mit $CaCO_3$ als Füllmaterial eingesetzt.

Bariumnitrat ($Ba(NO_3)_2$):
Wird bei Feuerwerkskörpern als „Grünfeuer" eingesetzt.

Radium, Symbol Ra (lat. radius = Strahl, $_{88}$Ra):
>!< Relative Atommasse 226,03; Dichte 5,50 g/cm^3. Stark radioaktives Metall, das im Dunkeln leuchtet. Große chemische Ähnlichkeit mit Barium.

4. Die III. Hauptgruppe – Erdmetalle

Bor, Symbol B (pers. burah = Boron, $_5$B):
>!< Eigenschaften: Relative Atommasse 10,81; Dichte 2,34 g/cm^3; kristallines Bor bildet schwarzgraue, sehr harte und glänzende Kristalle; die Hochtemperaturform,

Hauptgruppenelemente

die bei 2050 °C schmilzt, hat neben dem Diamant die größte Härte. Amorphes Bor ist ein braunes Pulver, das praktisch unlöslich ist.

☺| Bor leitet den elektrischen Strom bei Zimmertemperatur sehr schlecht; die Leitfähigkeit steigt aber mit der Temperatur (Halbleiter).
Amorphes Bor entzündet sich an der Luft bei 700 °C und verbrennt zu Bortrioxid (B_2O_3). Mit Chlor, Brom und Schwefel reagiert es bei höheren Temperaturen zu den Chloriden, Bromiden und Sulfiden.
Mit konzentrierter Salpetersäure (HNO_3) wird Bor zu Borsäure oxidiert. Konzentrierte Schwefelsäure (H_2SO_4) oxidiert Bor ab 250 °C. Bei Rotglut reduziert Bor Wasserdampf, bei noch höheren Temperaturen sogar CO_2 und SiO_2.

Herstellung: Kristallines Bor erhält man durch Reduktion der Halogenide mit Wasserstoffgas im Lichtbogen oder durch thermische Zersetzung von Borjodid (BI_3):

$$2BI_3 \rightarrow 2B + 3I_2.$$

Amorphes Bor erhält man durch Reduktion von Bortrioxid mit Magnesium:

$$B_2O_3 + 3Mg \rightarrow 2B + 3MgO$$

Verwendung: Als sehr harte Eisenlegierung „Ferrobor" in der Stahlindustrie.

Hauptgruppenelemente

Wichtige Verbindungen:
Borsäure (H_3BO_3):
Sie kommt in einigen Wasserdampfquellen der Toskana vor.

>!< Eigenschaften: Sie bildet weiß glänzende, schuppige, durchscheinende, sich fettig anfühlende Blättchen – Kristalle. Die Säure ist in Wasser löslich, wirkt dann als sehr schwache Säure. Sie hat antiseptische Wirkung (Borwasser). Sie ist stark giftig, 5 g davon können bereits tödlich sein.

Herstellung: Durch Umsetzung mit Schwefelsäure (starke Säure) kann aus dem Salz der schwächeren Borsäure, dem Borax ($Na_2B_4O_7 \cdot 10H_2O$), Borsäure gewonnen werden:

$$Na_2B_4O_7 \cdot 10H_2O + H_2SO_4 + 5H_2O \rightarrow 4H_3BO_3 + Na_2SO_4 + 10H_2O$$

Verwendung: Als Borwasser wirkt die wässrige Lösung antiseptisch; bei der Glasherstellung macht ein Zusatz an Borsäure die Gläser widerstandsfähig gegen Temperaturschwankungen; dient der Herstellung von Glasuren.

Borax ($Na_2B_4O_7 \cdot 10H_2O$):
>!< Eigenschaften: Borax bildet große, farblose, durchsichtige Kristalle, die beim Erhitzen Kristallwasser abgeben und in wasserfreies Tetraborat ($Na_2B_4O_7$) übergehen. Die glasartige Schmelze (Smp. 878 °C) löst viele Metalloxide unter charakteristischer Farbe (analytische Chemie: Borax-

Hauptgruppenelemente

perle). Beim Löten kann dadurch die Oxidschicht des Werkstücks entfernt werden.

Herstellung: Das Mineral Kernit ($Na_2B_4O_7 \cdot 4H_2O$) wird unter Druck in heißem Wasser gelöst:

$$Na_2B_4O_7 \cdot 4H_2O + 6H_2O \rightarrow Na_2B_4O_7 \cdot 10H_2O$$

Verwendung: Als Boraxperle werden Metalloxide durch ihre charakteristische Farbe nachgewiesen. Es dient zur Herstellung von Perboraten (z. B. $NaBO_3 \cdot 4H_2O$), die als Bleichmittel in der Kosmetik Anwendung finden.

Borcarbid ($B_{13}C_2$):

>!< Eigenschaften: Borcarbid bildet schwarze glänzende Kristalle, die so hart sind, dass sie sogar Diamanten ritzen können. Die Kristalle entstehen durch Reduktion von Bortrioxid mit Kohle bei 2500 °C. Sie sind gegenüber Salpetersäure unempfindlich.

Aluminium, Symbol Al (lat. alumen = Alaun, $_{13}Al$):

Es kommt in der Natur nur in Verbindungen vor, ist aber das häufigste Metall der Erdkruste. Aluminiumverbindungen sind im Lehm und Ton enthalten. Ein besonders geeigneter Rohstoff zur Aluminiumherstellung ist Bauxit, das aus 50 – 60% Aluminiumoxid besteht.

>!< Eigenschaften: Relative Atommasse 26,98; Dichte 2,70 g/cm³; silbrig-weißes, sehr dehnbares Leichtmetall,

lässt sich zu dünnen Folien und Drähten ausziehen und zu „Blattaluminium" mit einer Dicke von 0,004 mm aushämmern; die elektrische Leitfähigkeit beträgt 2/3 der des Kupfers, sodass Al-Stromleitungen einen anderthalb mal so großen Querschnitt haben müssen wie Kupferdrähte, was aber durch Gewichtsersparnis mehr als ausgeglichen wird.

Aluminium ist an der Luft beständig, obwohl es mit Sauerstoff leicht reagiert, da sich eine feste Oxidschicht bildet, die eine weitere Oxidation verhindert. Durch anodische Oxidation kann diese Schicht noch verstärkt werden (Eloxieren); dadurch können elektrische Drähte isoliert und Werkstücke gegen Säuren, Laugen und Seewasser beständig gemacht werden.

Fein verteiltes Aluminium verbrennt wie Magnesium mit gleißend hellem Licht und wird daher auch in Blitzlichtbirnchen eingesetzt:
$$4Al + 3O_2 \rightarrow 2Al_2O_3$$
In nichtoxidierenden Säuren (z. B. HCl) löst sich Aluminium unter Wasserstoffentwicklung auf:
$$2Al + 6HCl \rightarrow 2AlCl_3 + 3H_2$$
In Wasser kommt es zu keiner Reaktion, da sich eine widerstandsfähige Hydroxidschutzschicht bildet. In Laugen wird diese dagegen gelöst, sodass sich Aluminium unter Bildung des entsprechenden Aluminats $Na[Al(OH)_4]$ auflöst. Mit Aluminium können viele schwer reduzierbare

Hauptgruppenelemente

Metalloxide reduziert werden, z. B. Vanadiumoxid:
$$3V_2O_5 + 10Al \rightarrow 6V + 5Al_2O_3$$
Auf diese Weise erhält man reine und kohlenstofffreie Metalle, wobei das leichte Al_2O_3 als Schlacke auf der Metallschmelze schwimmt.

Herstellung: Durch Schmelzelektrolyse nach dem Kryolith-Verfahren. Dabei wird Al_2O_3 mit Kryolith (Na_3AlF_6) gemischt und bei 950 °C geschmolzen. Dies geschieht in Becken, die mit Graphit (C) ausgekleidet sind. Der Graphit hat anschließend die Funktion einer Kathode. In die Schmelze ragen Kohleelektroden als Anode, an denen Sauerstoff entwickelt wird:

Schmelze:	$2Al_2O_3$	$\rightarrow$	$4Al^{3+} + 6O^{2-}$
Kathode:	$4Al^{3+} + 12e^-$	$\rightarrow$	$4Al$
Anode:	$6O^{2-}$	$\rightarrow$	$3O_2 + 12e^-$
	$4Al^{3+} + 6O^{2-}$	$\rightarrow$	$4Al + 3O_2$

Die Aluminiumherstellung ist mit einem hohen Stromverbrauch verbunden: Die Stromstärke beträgt ca. 50.000 – 100.000A bei einer Spannung von 5 Volt. Die Herstellung ist daher sehr teuer. Da an der Anode Sauerstoffgas mit Kohlenstoff bei hohen Temperaturen zusammentrifft, entsteht Kohlenstoffmonoxid und Kohlenstoffdioxid:

$$2C + O_2 \rightarrow 2CO$$
$$2CO + O_2 \rightarrow 2CO_2$$

d. h. die Anoden müssen regelmäßig ausgetauscht werden, da sie sich langsam auflösen. Das flüssige Alumi-

Hauptgruppenelemente

nium wird von Zeit zu Zeit abgelassen und zu Barren gegossen, damit sich kein Kurzschluss zwischen Anode und flüssigem Aluminium (Kathode) bilden kann.

Verwendung: Als leichtes leitendes Material in der Elektrotechnik; im Thermit-Verfahren wird eine Mischung von Al-grieß mit Eisenoxid (Fe_3O_4) gezündet. Mit dem verflüssigten Eisen werden Schienen geschweißt:

$$3Fe_3O_4 + 8Al \rightarrow 4Al_2O_3 + 9Fe$$

Dabei treten Temperaturen von ca. 2400 °C auf. Aluminium ist ein wichtiger Legierungsbestandteil im Flugzeug- und Fahrzeugbau. Allerdings nimmt die Korro-sionsbeständigkeit des Al in der Legierung ab; Aluminiumbronze entsteht durch Beimengung von Kupfer (ca. 92%) und wird als Münzmetall verwendet.

Wichtige Verbindungen:
Aluminiumoxid (Tonerde, Korund, Al_2O_3):

>!< Eigenschaften: Weißes Pulver bzw. harte farblose Kristalle; in Wasser unlöslich, in starken Säuren löslich; bei starkem Glühen über 1100 °C entsteht das säureunlösliche Oxid, der Korund, der bei 2050 °C schmilzt.

Herstellung: Je nach Zusammensetzung der Bauxitmineralien gibt es roten Bauxit (25% Fe_2O_3 + 5% SiO_2) oder weißen Bauxit (5% Fe_2O_3 + 25% SiO_2). Diese Verunreinigungen müssen vom Al_2O_3 in unterschiedlichen Aufschlussverfahren abgetrennt werden.

Hauptgruppenelemente

Verwendung: Vorwiegend zur Aluminiumgewinnung; als Korund zum Schleifen und Polieren; zur Herstellung künstlicher Edelsteine, wie Rubine (0,2 – 0,3% Chromoxid), Saphire (0,1 – 0,2% Titanoxid + wenig Eisenoxid) wird das Gemisch im elektrischen Flammenbogen geschmolzen; Rubine dienen als Lager in Uhrwerken und zur Herstellung von Lasern.

Aluminiumacetat (essigsaure Tonerde, $Al(CH_3CO_2)_3$):
Essigsaure Tonerde findet Anwendung in entzündungshemmenden Umschlägen und beim Imprägnieren von Geweben.

Aluminiumhydroxid ($Al(OH)_3$):
Kann aus Lösungen als voluminöser, gallertartiger Niederschlag ausgefällt werden; reagiert mit starken Säuren und mit starken Basen unter Bildung löslicher Salze. Es ist in Wasser schwer löslich.

Gallium, Symbol Ga (von Gallien abgeleitet, $_{31}$Ga):
>!< Eigenschaften: Relative Atommasse 69,72; Dichte 5,91 g/cm^3; silber glänzendes Metall mit niedrigem Schmelzpunkt (30 °C), als Thermometerfüllung geeignet; Halbleitermetall in der Elektronik.

Indium, Symbol In (von Indigo abgeleitet, $_{49}$In):
>!< Eigenschaften: Relative Atommasse 114,82; Dichte 7,31 g/cm^3; silber-weißes, sehr weiches Metall, stark

glänzend, mit niedriger Schmelztemperatur (156,17 °C); wird in der Halbleitertechnik verwendet.

Thallium, Symbol Tl (griech. thallos = grüner Zweig, $_{81}$Tl):
>!< Eigenschaften: Relative Atommasse 204,37; Dichte 11,83 g/cm³; bläulich-weißes, weiches und zähes Metall, Schmelzpunkt 302,5 °C; oxidiert an feuchter Luft; hat viel Ähnlichkeit mit Blei.

5. Die IV. Hauptgruppe – Kohlenstoffgruppe

Kohlenstoff, Symbol C (lat. carbo = Kohle, $_6$C):
Kohlenstoff ist Bestandteil vieler in der Natur vorkommender Stoffe wie Kohle, Erdöl, Erdgas und Kalkstein. In reiner Form kommt er als Diamant und Graphit vor. Er ist wesentlicher Bestandteil lebender Organismen.

>!< Eigenschaften: Relative Atommasse 12,01; häufigstes Isotop $_6$C, daneben existiert in geringen Mengen das $_6$C-Isotop, das radioaktiv ist und zur Altersbestimmung von Fossilien herangezogen wird.
Reiner Kohlenstoff tritt in drei Modifikationen (Erscheinungsformen) auf: Diamant, Graphit und Fullerene.

Diamant:
>!< Eigenschaften: Vom Griechischen „adames" (unbezwingbar) ist Diamant der härteste aller Stoffe. Diamant ist ein Nichtleiter. In reinem Sauerstoff verbrennt er bei

Hauptgruppenelemente

Temperaturen über 800 °C, an der Luft erst bei etwa 3000 °C.

Verwendung: Geschliffene Naturdiamanten nennt man Brillanten. Diamanten werden auch für technische Zwecke verwendet, z. B. Besatz von Bohr-, Schneid- und Schleifwerkzeugen. Diese Diamanten werden meistens künstlich hergestellt („Industriediamanten").

Aufbau: Im Diamant ist jedes Kohlenstoffatom von vier anderen Kohlenstoffatomen im gleichen Abstand tetraedrisch umgeben. Die Atome sind untereinander durch Atombindungen verbunden. Dadurch ergibt sich eine sehr regelmäßige, stabile Anordnung, worauf die große Härte des Diamanten beruht.

Aufbau von Diamant:

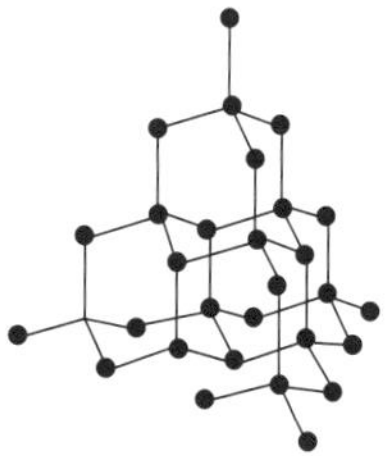

Graphit (griech.: graphein = schreiben):
>!< Eigenschaften: Im Gegensatz zum Diamant ist Graphit ein sehr weicher Stoff, der sich fettig anfühlt, blättrig-schuppig und leicht spaltbar ist.

Hauptgruppenelemente

Graphit leitet den elektrischen Strom. Er schmilzt bei ca. 3700 °C.

Verwendung: Graphit wird als Schmiermittel für Maschinenteile verwendet, die hohen Temperaturen ausgesetzt sind. Die elektrische Leitfähigkeit wird bei der Herstellung von Elektroden ausgenutzt; in Elektromotoren als Kollektorbürsten. Im Ruß liegt Graphit in feinsten Kriställchen vor, es handelt sich um fein verteilten Kohlenstoff, der zusätzlich noch H, O, N und S gebunden enthält. Es gibt verschiedene Arten von Ruß, die sich hinsichtlich von Primärteilchengröße, Struktur, Oberfläche und Adsorptionsvermögen unterscheiden und dementsprechend verschiedene Anwendungsgebiete finden (Gasruß, Flammruß, Thermalruß, Furnaceruß, Channelruß, Acetylruß, Lichtbogenruß). Zu den größten Rußverbrauchern zählen die Gummi- und Kautschukindustrie sowie die Farben- und Lackindustrie. Ruß dient als Füllstoff in Gummireifen; als Farbstoff in Tusche, Druckerschwärze, Schuhcreme usw.

Aufbau von Graphit:

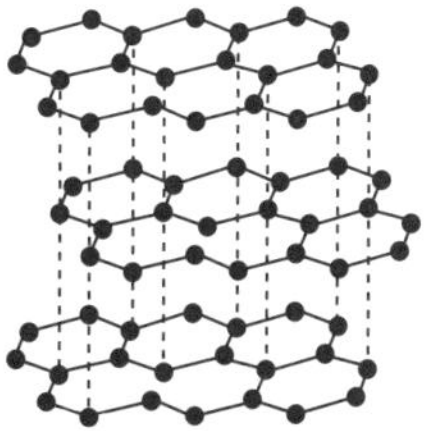

Hauptgruppenelemente

Im Graphit liegen die Kohlenstoffatome, zu regelmäßigen Sechsecken geordnet, schichtweise übereinander. Zwischen den Schichten wirken nur schwache Anziehungskräfte. Die Schichten sind so gegeneinander leicht verschiebbar. Von jedem Kohlenstoffatom im Graphit bilden drei von vier Valenzelektronen mit anderen Kohlenstoffatomen gemeinsame Elektronenpaare. So bleibt jeweils ein Valenzelektron beweglich. Dadurch ist die gute elektrische Leitfähigkeit des Graphits bedingt.

Fullerene:
>!< Eigenschaften: Reiner Kohlenstoff, der unter dem Einfluss von Laserstrahlen oder im elektrischen Lichtbogen verdampft, kann sich an kalten Flächen als gelber Film abscheiden. Er enthält käfigartig gebaute Moleküle aus Kohlenstoffatomen. Sie werden Fullerene genannt. Das bekannteste unter ihnen ist ein aus 60 C-Atomen (C_{60}) aufgebautes kugelförmiges Molekül mit einer hohen Symmetrie, das einem Fußball gleicht. Jedes Atom ist mit drei Nachbaratomen verbunden.

Ruß:
>!< Eigenschaften: Ruß ist Kohlenstoff in Form feinkristallinen Graphits. Er ist locker und porös.

Verwendung: Als schwarzen Farbstoff, zur Farbgebung für Lackleder, Druckerschwärze, Tusche; als Farb- und Füllstoff für Fahrzeugreifen; als verstärkender Füllstoff für Gummi.

Hauptgruppenelemente

Wichtige anorganische Verbindungen:
Kohlenstoffdioxid (CO_2):

>!< Eigenschaften: Farbloses, geruchloses Gas, schwerer als Luft (lässt sich daher umgießen; sammelt sich am Boden, z. B. von Gärkellern); löst sich leicht in Wasser, wobei Kohlensäure (H_2CO_3) entsteht; lässt sich leicht bei Zimmertemperatur verflüssigen (5000 kPa) und in Stahlflaschen transportieren.

Durch rasches Ausfließen erstarrt die Flüssigkeit zu festem Trockeneis, das bei -78 °C wieder gasförmig wird (sublimiert). Es ist nicht brennbar, wirkt erstickend, reagiert mit Basen zu Carbonaten und Hydrogencarbonaten:

$$2NaOH + CO_2 \rightarrow Na_2CO_3 + H_2O$$

Herstellung: Bei jeder Verbrennung organischen Materials und fossiler Brennstoffe (Kohle, Erdöl, Erdgas, Holz); allgemein: $C + O_2 \rightarrow CO_2$

z. B. Methangas:
$$CH_4 + 2O_2 \rightarrow CO_2 + 2H_2O$$

durch thermische Zersetzung von Carbonaten:
$$MgCO_3 \rightarrow MgO + CO_2$$

oder siehe Kalkbrennen; durch Reaktion von Säuren mit Carbonaten:
$$CaCO_3 + H_2SO_4 \rightarrow CaSO_4 + H_2O + CO_2$$

Verwendung: In Feuerlöschern; zum Haltbarmachen von Getränken; zur Herstellung von Kohlensäure (nur in wässriger Lösung beständig); als Trockeneis zum Kühlen

von Lebensmitteln oder durch Überleiten von heißem Wasser zur Dampferzeugung für Showeffekte; in der Hitze als Oxidationsmittel:
$$Mg + CO_2 \rightarrow MgO + CO$$

Kohlenstoffmonoxid (CO):
>!< Eigenschaften: Farb- und geruchloses Gas, das die Verbrennung nicht unterhält, aber selbst brennbar und giftig ist; kann bei Zimmertemperatur nicht verflüssigt werden; in Wasser kaum löslich.

☻ Die Giftigkeit beruht auf der Blockierung des roten Blutfarbstoffes (Hämoglobin), sodass Sauerstoff nicht an Hämoglobin binden und nicht transportiert werden kann. Das Blut nimmt in diesem Falle eine kirschrote Farbe an. 0,3% CO in der Atemluft sind bereits tödlich.
Verbrennung an der Luft mit bläulicher Flamme:
$$2CO + O_2 \rightarrow 2CO_2$$
Es dient in der Technik als Reduktionsmittel für viele Metalloxide, z. B.:
$$Fe_2O_3 + 3CO \rightarrow 3CO_2 + 2Fe$$
Große Bedeutung hat die Reaktion mit Wasserstoff in der Organischen Chemie; es lassen sich Alkohole und Kunststoffe auf diesem Wege gewinnen.

Herstellung: Bei nicht vollständiger Verbrennung (bei Sauerstoffmangel) kohlenstoffhaltiger Verbindungen entsteht bei Temperaturen über 1000 °C stets CO anstelle von CO_2; z. B. in Auspuffgasen, im Tabakrauch, bei schlecht ziehenden Öfen usw. Dabei stellt sich ein Gleichgewicht ein, das so genannte Boudouard-Gleichgewicht:

$$CO_2 + C \rightleftharpoons 2CO$$

Bei 400 °C liegt das Gleichgewicht voll auf der Seite des Kohlenstoffdioxids, bei 1000 °C voll auf der Seite des Kohlenstoffmonoxids.

Durch Reaktion der Ameisensäure mit konzentrierter Schwefelsäure:

$$HCOOH + H_2SO_4 \rightarrow CO + H_2SO_4 \cdot H_2O$$

Wasser wird von der Schwefelsäure gebunden.

Bei der Herstellung von Wassergas ($CO + H_2$) wird Wasserdampf über glühenden Koks geleitet (Kaltblasen):

$$H_2O + C \rightarrow CO + H_2$$

Bei der Herstellung von Generatorgas ($N_2 + CO$) wird Luft ($4N_2 + O_2$) über glühenden Koks geleitet (Heißblasen):

$$4N_2 + O_2 + 2C \rightarrow 2CO + 4N_2$$

Die Mischung aus Wassergas und Generatorgas wird Synthesegas genannt (siehe Ammoniaksynthese).

Verwendung: Im Synthesegas wird Kohlenstoffmonoxid zu unterschiedlichsten Synthesen der Organischen Chemie genutzt, z. B. Menthol, Methan, Kohlenwasserstoffe u. a.

Hauptgruppenelemente

Kohlensäure (H_2CO_3):

Öffnet man eine Flasche Sprudel, so entweicht ein Gas, Kohlenstoffdioxid. Es wird in der Umgangssprache oft als Kohlensäure bezeichnet.

>!< Eigenschaften: Kohlenstoffdioxid ist keine Säure, denn die Moleküle enthalten keine Wasserstoffatome und können daher keine H_3O^+-Ionen bilden. Kohlenstoffdioxid reagiert mit Wasser zu Kohlensäure. Dieser Prozess ist von der Temperatur und vom Druck abhängig:

$$CO_2 + H_2O \rightleftharpoons H_2CO_3$$

Bei Druckminderung oder Erwärmung zerfällt die Kohlensäure in Wasser und Kohlenstoffdioxid.

☺ Kohlensäure ist nur in wässriger Lösung beständig; sie ist eine schwache Säure, die in Limonaden, Bier und Sekt enthalten und für den frischen, sprudeligen Geschmack verantwortlich ist.

Carbonate (Sammelbegriff für Salze der Kohlensäure, CO_3^{2-}):

Die meisten kohlenstoffhaltigen Minerale gehören zu den Carbonaten: Na_2CO_3 Soda, $CaCO_3$ Kalk, K_2CO_3 Pottasche, $MgCO_3$ Magnesit, $ZnCO_3$ Zinkspat usw.

>!< Eigenschaften: Beim Erhitzen zerfallen die Carbonate in Metalloxide und CO_2; z. B.:

$$MgCO_3 \rightarrow MgO + CO_2$$

Ist das zugrunde liegende Metalloxid eine starke Base, so ist die Zersetzungstemperatur sehr hoch.
Mit fast allen Säuren reagieren die Carbonate unter CO_2-Bildung:

$$CaCO_3 + 2HCl \rightarrow CO_2 + CaCl_2 + H_2O$$

Daher dürfen polierte Steinplatten (Marmor) nicht mit Salzsäure behandelt werden.
Von den Carbonaten ist in der Natur das Calciumcarbonat ($CaCO_3$) am weitesten verbreitet. Es kommt als Kalkstein, Kreide oder Marmor vor.

Kalkstein ist reines oder mit Ton verunreinigtes Calciumcarbonat. Viele Gebirgszüge wie die Kalkalpen bestehen aus Kalkstein. Kalkstein findet Verwendung als Baustein und zur Herstellung von Zement.
Kreide ist Calciumcarbonat, das sich aus den Gehäusen von Schnecken und Muscheln gebildet hat, die in der Kreidezeit, vor etwa 100 Millionen Jahren, gelebt haben.
Marmor ist Calciumcarbonat, das durch hohen Druck und hohe Temperatur infolge geologischer Veränderungen in tieferen Schichten der Erde entstanden ist. Bei Einlagerungen von Magnesiumcarbonat spricht man vom Dolomit. In Italien baut man Marmor in großen Steinbrüchen ab.

Schwefelkohlenstoff (CS_2):

>!< Eigenschaften: Farbloses, giftiges, unangenehm riechendes, stark feuergefährliches Lösungsmittel, in dem Schwefel, Fette, Harze, Phosphor, Jod und Kautschuk

Hauptgruppenelemente

gelöst werden können. Weitere Anwendungen in der Organischen Chemie, z. B. in der Papierherstellung.

Cyanwasserstoff (Blausäure, HCN):

>!< Eigenschaften: Farblose, sehr giftige, nach Bittermandeln riechende, niedrig siedende (26 °C) Flüssigkeit.

☺ Geringste Mengen in der Atemluft (50 mg) wirken tödlich, und zwar durch Atemlähmung, da ein Enzym (Cytochromoxidase) der Zellatmung blockiert wird.

Cyanide (Sammelbegriff für Salze der Blausäure, CN⁻):

Die bekanntesten Salze sind Kaliumcyanid (Cyankali = KCN) und Natriumcyanid (NaCN).

>!< Eigenschaften: Es sind leicht lösliche giftige Salze (150 mg tödliche Dosis); sie riechen nach bitteren Mandeln, da sie an der Luft Blausäure entwickeln:

$$H_2O + CO_2 + 2KCN \rightarrow K_2CO_3 + 2HCN$$

Cyanide werden bei der Silber- und Goldgewinnung (Cyanidlaugerei) eingesetzt.

Carbide (Sammelbegriff für Metall-Kohlenstoffverbindungen):

Aus Calciumcarbid und Wasser wird Acetylen (Ethin) hergestellt, das in Grubenlampen mit sehr heller Flamme verbrennt.

$$CaC_2 + 2H_2O \rightarrow C_2H_2 + Ca(OH)_2$$
$$2C_2H_2 + 5O_2 \rightarrow 4CO_2 + 2H_2O$$

Hauptgruppenelemente

Herstellung von Calciumcarbid: Dazu gewinnt man zunächst aus Kalkstein Calciumoxid (Branntkalk) und aus Kohle Koks. Aus diesen beiden Produkten wird mithilfe von elektrischem Strom im Lichtbogen Calciumcarbid hergestellt:

$$CaO + 3C \rightarrow CaC_2 + CO$$

Carbide werden auch Acetylide genannt, Kupfer- und Silberacetylide sind durch Schlag zur Explosion zu bringen. Borcarbid ($B_{13}C_2$), Wolframcarbid (WC_2) und Siliciumcarbid (SiC) sind besonders hart; sie werden daher zur Beschichtung von Schleifscheiben verwendet.

Silicium, Symbol Si (lat. silex = Kieselstein, $_{14}$Si):
Zweithäufigstes Element der Erdkruste; Bestandteil der meisten Gesteinsarten (Oxide, Silicate).

☺ Der Fortschritt der heutigen Computertechnik ist mit der Herstellung immer leistungsstärkerer Mikrochips verbunden. Der Grundstoff zur Herstellung dieser Chips ist Silicium. Silicium ist ein Halbleiter.

>!< Eigenschaften: Relative Atommasse 28,09; Dichte 2,33 g/cm³. Es bildet als Reinstoff dunkelgraue, undurchsichtige, stark glänzende, harte und spröde Kristalle, die den elektrischen Strom mit steigender Temperatur zunehmend besser leiten (Halbleiter).
Es reagiert mit Sauerstoff bei höherer Temperatur zu Siliciumdioxid (SiO_2):

Hauptgruppenelemente

$$Si + O_2 \rightarrow SiO_2$$

mit Fluor bei Zimmertemperatur unter Feuerschein:

$$Si + 2F_2 \rightarrow SiF_4$$

mit den übrigen Halogenen beim Erhitzen. In Säuren ist Silicium unlöslich, mit Alkalilaugen reagiert es dagegen stürmisch zu Silicaten:

$$Si + 2NaOH + H_2O \rightarrow Na_2SiO_3 + 2H_2$$

Ausgangsstoff für die Herstellung von Silicium ist Quarzsand. Dieser besteht überwiegend aus Siliciumdioxid (SiO_2). Vermischt mit Koks und Holzkohle wird Quarzsand im elektrischen Brennofen auf 1800 °C erhitzt:

$$SiO_2 + 2C \rightarrow Si + 2CO$$

Es kann auch durch Reduktion mit Calciumcarbid hergestellt werden:

$$SiO_2 + CaC_2 \rightarrow Si + 2CO + Ca$$

Das hierbei entstandene Rohsilicium besteht zu 98% aus Siliciumatomen. Für die Verwendung in der Mikroelektronik ist es noch nicht rein genug.

Herstellung von Reinstsilicium: Für die Chipherstellung wird Silicium mit einem Reinheitsgrad von 99,9999999% benötigt. Dies bedeutet, dass auf 1 Milliarde Siliciumatome gerade noch ein Fremdatom kommen darf. Um diesen Reinheitsgrad zu erreichen, wird Silicium mithilfe von Chlorwasserstoff in Trichlorsilan überführt. Trichlorsilan ist ein flüssiger Stoff, der in großen Destillationsanlagen von allen Verunreinigungen befreit wird.

Hauptgruppenelemente

Aus dem gereinigten Trichlorsilan erhält man durch Reduktion mit Wasserstoff Stäbe aus reinstem Silicium:

$$HSiCl_3 + H_2 \rightarrow Si + 3HCl$$

Verwendung: Als Halbleitermaterial in der Elektroindustrie; zur Herstellung von Kunststoffen (Silicone) in der Medizintechnik.

☺ Vom Reinsilicium zum Computerchip:
Zur Herstellung von Computerchips werden aus den Siliciumstäben dünne Scheiben von etwa 0,7 Millimeter Dicke geschnitten. Solche Scheiben werden als Wafer bezeichnet. In weiteren Arbeitsschritten entstehen aus einem Wafer etwa 100 Chips, die aus dem Wafer herausgeschnitten und mit Anschlüssen und einer Kunststoffummantelung versehen werden.

Wichtige Verbindungen:
Siliciumdioxid (SiO_2):

Hauptvorkommen als Quarz und Quarzsand in Gesteinen bzw. ihrem Verwitterungsprodukt.

Quarzkristalle sind als Halbedelsteine bekannt: Bergkristall (farblos); Amethyst (violett); Rauchtopas (braun); Citrin (gelb); Morion (schwarz). Opale (Achat, Onyx, Feuerstein) sind amorphes SiO_2.

Siliciumdioxid ist diamantartig aufgebaut. Es besteht aus „Riesenmolekülen" und ist somit ein polymerer Stoff.

Hauptgruppenelemente

>!< Eigenschaften: Siliciumdioxid bildet mehrere Modifikationen aus, mit unterschiedlichen Schmelzpunkten.

Quarzglas ist amorphes (nichtkristallines) SiO_2, das durch vorsichtiges Abkühlen aus SiO_2-Schmelzen gewonnen wird. Es ist schwer schmelzbar, hat einen sehr geringen Ausdehnungskoeffizienten (1/18 des Glases) und kann daher sogar aus Rotglut in kaltes Wasser getaucht werden, ohne dabei zu platzen.

Quarz ist im Gegensatz zu Glas für UV-Licht durchlässig (elektrische Höhensonnen). Quarz kann zu extrem dünnen und elastischen Fäden ausgezogen werden (mit 4/1000 mm Durchmesser) und wird daher in physikalischen Messgeräten eingesetzt.

Siliciumdioxid ist gegenüber Säuren unempfindlich, mit Ausnahme der Flusssäure (HF); von Alkalihydroxiden und Alkalicarbonaten wird es angegriffen – in deren Schmelzen löst es sich sogar auf:

$$SiO_2 + 2NaOH \rightarrow Na_2SiO_3 + H_2O$$

Bei 1200 °C zeigt SiO_2 ein dem Boudouard-Gleichgewicht ähnliches Verhalten:

$$SiO_2 + Si \rightleftharpoons 2SiO \text{ (gasförmig)}$$

Verwendung: Als Quarzglas in chemischen Apparaturen, z. B. in Großapparaturen zur Schwefelsäureherstellung, Salzsäureherstellung usw. Quarz wird hauptsächlich als Ausgangsstoff zur Glasherstellung verwendet.
Gläser sind unterkühlte Schmelzen aus Quarzsand und

Zusätzen wechselnder Zusammensetzung:
Natron-Kalk-Glas (Fensterglas) $Na_2O \cdot CaO \cdot 6SiO_2$
Kalk-Kalk-Glas (schwer schmelzbar) $K_2O \cdot CaO \cdot 8SiO_2$
Kali-Blei-Glas (Bleikristall-Glas) $K_2O \cdot PbO \cdot 8SiO_2$
Bor-Tonerde-Glas (Jenaer Glas) enthält Al_2O_3- und B_2O_3-Zusätze.
Die Herstellung läuft nach folgendem Schema:

$$Na_2CO_3 + SiO_2 \rightarrow Na_2SiO_3 + CO_2$$

Durch entsprechende Zusätze lassen sich die Eigenschaften der Gläser variieren.

Kieselsäure (H_4SiO_4):

Die so genannte Orthokieselsäure ($H_4SiO_4 = Si(OH)_4$) ist nur bei einem pH-Wert von 3,2 beständig; oberhalb und unterhalb dieses Wertes spaltet sie intermolekular Wasser ab:

```
      OH              OH              OH   OH
      |               |               |    |
HO – Si – |OH    H|O – Si – OH  →  HO – Si – O – Si – OH
      |               |               |    |
      OH              OH              OH   OH
```

Es entsteht die Orthodikieselsäure.
Weitere Wasserabspaltung führt zu Metallkieselsäuren:

```
                    OH   OH   OH
                    |    |    |
($H_2SiO_3)_n$:  [O – Si – O – Si – O – Si – O]_n
                    |    |    |
                    OH   OH   OH
```

Hauptgruppenelemente

Das Siliciumatom ist hier von vier Sauerstoffatomen umgeben, die in die Ecken eines Tetraeders weisen, wobei das Silicium in der Mitte des Tetraeders liegt. Diese Tetraeder sind jeweils mit einem weiteren Tetraeder über ein Sauerstoffatom verbunden, sodass eine Kette entsteht. An den Seiten der „Kette" liegen die OH-Gruppen; durch Wasserabspaltungen zwischen zwei Ketten entstehen Bänder, die durch weitere seitliche Wasserabspaltungen Blätter bilden können.

Alkalisilicate:
>!< Eigenschaften: Sie entstehen als Salze der Kieselsäure durch Schmelze aus SiO_2 und Alkalicarbonaten, z. B.:

$$2SiO_2 + 4Na_2CO_3 \rightarrow 2Na_4SiO_4 + 4CO_2$$

Ihre wässrigen Lösungen kommen als Wasserglas in den Handel. Sie dienen als Glaskitt zum Imprägnieren von Papier und Stoffen und als Flammschutzmittel für Holz und Gewebe. Lässt man sie mit Salzsäure reagieren und längere Zeit stehen, bildet sich farbloses Kieselgel, schließlich Silicagel, das als Absorptionsmittel dient (Feuchtigkeitsschutz für empfindliche Geräte).

Natürliche Silicate:
Natürliche Silicate sind gesteinsbildende Minerale unterschiedlichster Zusammensetzung: Gneis, Granit, Basalt und Porphyr.

Silicatmineralien: Feldspat ($K_2O \cdot Al_2O_3 \cdot 6SiO_2$).
Tone: Sie entstehen bei der Verwitterung des Feldspates, wobei lösliche Kaliverbindungen ausgewaschen wurden.
Glimmer: Das sind Alumosilicate, wobei einzelne Si-Atome durch Aluminium ersetzt sind.
Asbest: ($3MgO \cdot 2SiO_2 \cdot 2H_2O$) Er hat nadelförmige Kristalle, die cancerogen wirken.

Künstliche Silicate:

Keramik: Feuchter Ton, gemischt mit Sand und Feldspat, wird gebrannt, besser gesintert (nicht geschmolzen); besteht im Wesentlichen aus Alumosilicat ($3Al_2O_3 \cdot 2SiO_2$).

Tongut: Durch niedrige Brenntemperatur entsteht ein poröses Material, wasserdurchlässig, nicht sehr hart; z. B. Ziegel (rote Farbe durch Fe_2O_3); Schamotte (feuerfeste Platten); Steingut, doppelt gebrannt (Sanitärkeramik).

Tonzeug: Durch hohe Brenntemperatur entsteht ein wasserdurchlässiges, ziemlich hartes dichtes Produkt, z. B. Porzellan (durchscheinende Scherben). Steinzeug (Fliesen, Kanalrohre) hat die gleiche Zusammensetzung wie Porzellan, bildet aber keine durchscheinenden Scherben.

Zement: Ausgangsstoffe für die Zementherstellung sind Kalkstein und Ton. Zement ist ein graues Pulver, bestehend aus einem Calcium-Aluminium-Silicat.

Hauptgruppenelemente

☺ Zur Zementherstellung wird ein Gemisch aus 25% Ton und 75% Kalk zunächst fein gemahlen und dann in feuerfesten Drehrohröfen von 50 m bis 100 m Länge und 2 m bis 6 m Durchmesser erhitzt. Die Öfen sind leicht geneigt und drehen sich in der Minute ein- bis zweimal. Dadurch wandert der Inhalt langsam nach unten, wobei zunächst Wasser und Kohlenstoffdioxid entweichen. Dann wird das Gemisch bei ca. 1450 °C zum Zementklinker gebrannt. Der Zementklinker wird fein gemahlen und als Zement verkauft.

Wird Zement mit Wasser angerührt, so erstarrt er zu einer festen Masse, er bindet ab. Die beim Brennen entstandenen Silicate reagieren mit Wasser und bilden kleine, faserartige Kristalle, die ineinander verfilzen und so einen festen Verband bilden. Da dieser Vorgang sehr schnell abläuft, gibt man zum Zement etwa 5% Gips, der das Abbinden verzögert.

Germanium, Symbol Ge (abgeleitet von dem Wort Germanien, $_{32}$Ge):

>!< Eigenschaften: Relative Atommasse 72,59; Dichte 5,35 g/cm^3; grauweißes, sehr sprödes Metall; leitet den elektrischen Strom bei erhöhter Temperatur besser; so genannte Halbleiter (wie Silicium).

☺ Die Leitfähigkeit kann durch Phosphor und Arsen (je 5 Elektronen) bzw. durch Aluminium und Gallium (je 3 Elektronen) erhöht werden, da sie im Metallgitter des Germaniums Störstellen bilden, die entweder einen Elektronenüberschuss oder Elektronenlücken bilden. Dadurch können die Germaniumelektronen leichter wandern, was schließlich zum Stromfluss führt.

Verwendung: Als Halbleiter in der Elektronikindustrie, z. B. bei Schaltelementen wie Transistoren oder Sensoren.

Zinn, Symbol Sn (lat. stannum, $_{50}$Sn):

>!< Eigenschaften: Relative Atommasse 118,69; Dichte 7,28 g/cm^3; silber-weißes, stark glänzendes Metall mit geringer Härte, sehr dehnbar, lässt sich zu hauchdünner Folie (Stanniol) auswalzen.

☻| Beim Biegen ist ein leises Knirschen zu hören, das so genannte „Zinngeschrei", wobei die Einzelkristalle aneinanderreiben. Unterhalb von 13,2 °C wandelt sich Zinnmetall in ein graues Pulver um (Gefahr für Orgelpfeifen in nicht beheizten Kirchen!). Für die Umwandlung genügt ein einmaliges Unterschreiten der kritischen Temperatur. Es entstehen dabei Kristallisationskeime, die nach und nach das gesamte Werkstück zerstören (Zinnpest). Oberhalb von 161 °C wird Zinn so spröde, dass es leicht zu Zinngrieß zerstoßen werden kann.

An der Luft ist Zinn ebenso beständig wie im Wasser; es wird nur von starken Säuren und Laugen angegriffen:

Hauptgruppenelemente

$$Sn + 2HCl \rightarrow SnCl_2 + H_2 \text{ bzw.}$$
$$Sn + 2NaOH + 4H_2O \rightarrow Na_2[Sn(OH)_6] + 2H_2$$

Herstellung: Aus Zinnerz (SnO_2) durch Reduktion mit Koks (1000 °C):

$$SnO_2 + 2C \rightarrow 2CO + Sn$$

Verwendung: Hauptsächlich für verzinntes Eisenblech (Weißblech), das dadurch vor Korrosion geschützt zur längeren Aufbewahrung von Lebensmitteln (Konservendosen) geeignet ist. Es wird auch zur Herstellung von Zinntellern, Zinnbechern und Folie (Stanniolpapier) verwendet.
Weichlot, eine Legierung mit Blei (3 – 90% Sn und 10 – 97% Pb), für die Elektronikindustrie; Zinnbronzen werden bei Kanonenrohren, Kirchenglocken, Oberleitungsdrähten und Schleifkontakten von Straßenbahnen und als Achsenlager für Eisenbahnen verwendet.

Blei, Symbol Pb (lat. plumbum = Blei, $_{82}$Pb):

>!< Eigenschaften: Relative Atommasse 207,19; Dichte 11,34 g/cm^3; bläulich bzw. silbrig glänzend an den Schnittflächen, schweres und weiches Metall, oxidiert an der Luft zu einer PbO-Schutzschicht oder überzieht sich mit einem basischen Carbonat, das sehr wetterbeständig ist; wird von sauerstoffhaltigem Wasser in Bleihydroxid (giftig) umgewandelt (Problem bei Wasserleitungen!):

$$2Pb + O_2 + 2H_2O \rightarrow 2Pb(OH)_2$$

Hartes Wasser enthält Ca(HCO$_3$)$_2$ und CaSO$_4$, die eine Schutzschicht von schwer löslichem Bleicarbonat bzw. Bleisulfat bilden; kohlensäurehaltiges Wasser löst dagegen Blei auf:

$$2Pb + O_2 + 2H_2O + 4CO_2 \rightarrow 2Pb(HCO_3)_2$$

In Säuren, wie Schwefelsäure und Salzsäure, ist Blei unlöslich, weil schwer lösliche Schutzschichten entstehen (PbSO$_4$, PbCl$_2$); Salpetersäure löst dagegen Blei auf:

$$Pb + 4HNO_3 \rightarrow Pb(NO_3)_2 + 2NO_2 + 2H_2O$$

Mit Essigsäure entsteht giftiges Bleiacetat (Pb(O$_2$CCH$_3$)$_2$).

Herstellung: Aus Bleiglanz (PbS) durch Röstreduktion:

$$2PbS + 3O_2 \rightarrow 2PbO + 2SO_2 \quad \text{(Rösten)}$$
$$PbO + CO \rightarrow Pb + CO_2 \quad \text{(Reduktion)}$$

So erhaltenes Blei enthält viele andere Metalle als Verunreinigungen, z. B. Silber (Ag), Kupfer (Cu), Zinn (Sn), Antimon (Sb) und Arsen (As); durch Elektrolyse wird reines Blei erhalten.

Verwendung: Wegen der leichten Bearbeitung findet Blei vielfache Anwendung: bei Wasserleitungen (besonders in der Antike), Bedachungsmaterial, Geschosskerne und Schrotkugeln, Platten für den Bleiakku usw.
Wichtige Legierungen sind Letternmetall (85% Pb + 10% Sb + 5% Sn) für Druckplatten sowie Lagermetalle (mit Antimon) für schwere Achslager.

Hauptgruppenelemente

Wichtige Verbindungen:
Mennige (Pb_3O_4): Ein hochrotes Pulver, das in Rostschutzfarben enthalten ist.
Blei(IV)-oxid (PbO_2): Ein schwarzbraunes Pulver, das im Bleiakku als Elektrode verwendet wird.
Bleitetraethyl ($Pb(C_2H_5)_4$): Es ist als Antiklopfmittel und Gleitmittel für Motorventile im Superbenzin enthalten; sehr giftig!

6. Die V. Hauptgruppe – Stickstoffgruppe

Stickstoff, Symbol N (lat. Nitrogenium = Salpeterbildner, $_7$N):
>!< Eigenschaften: Relative Atommasse 14,01; Dichte 0,00125 g/cm³; farb- und geruchloses Gas, mit 78,1% Hauptbestandteil der Luft; nicht brennbar, erstickt die Flamme; sehr reaktionsträge, bildet mit Lithium bei Zimmertemperatur und mit Magnesium und Calcium bei höherer Temperatur Nitride:

$$3Ca + N_2 \rightarrow Ca_3N_2$$

In Wasser ist Stickstoff nur halb so löslich wie Sauerstoff (wichtig für das Leben der Fische). Reagiert mit dem Luftsauerstoff (hohe Temperatur bzw. elektrische Entladung):

$$N_2 + O_2 \rightarrow 2NO$$

Herstellung: Vorzugsweise durch „Fraktionierte Destillation", wobei aus verflüssigter Luft (-196,5 °C) durch langsame Erwärmung bei -195,8 °C Stickstoff gasförmig wird (Linde-Verfahren); der so erhaltene Stickstoff enthält noch Edelgase. Chemisch reiner Stickstoff wird aus Verbindungen wie Ammoniumnitrit (NH_4NO_2) oder Ammoniak (NH_3) gewonnen:

$$NH_4NO_2 \rightarrow N_2 + 2H_2O \text{ bzw.}$$
$$NH_3 + HNO_2 \rightarrow N_2 + 2H_2O$$

Salpetrige Säure (HNO_2) wirkt als Oxidationsmittel.

Verwendung: In nahtlosen Stahlflaschen unter $150 \cdot 10^2$ kPa Druck; als Schutzgas für feuergefährliche oder sauerstoffempflindliche Stoffe; Ausgangsstoff vieler Synthesen.

☺| Flüssiger Stickstoff ist heute ein unentbehrlicher Stoff in der Kältetechnik. Lebensmittel werden damit in kürzester Zeit tiefgefroren und haltbar gemacht. In der Medizin werden sogar Organe darin aufbewahrt.

Wichtige Verbindungen:
Ammoniak (NH_3):
>!< Eigenschaften: Farbloses, charakteristisch riechendes, zu Tränen reizendes Gas; leicht wasserlöslich (1 l Wasser löst bei 20 °C 750 l Ammoniak); lässt sich leicht verdichten (Einsatz in Kältemaschinen); mit Wasser entsteht Ammoniakwasser (NH_4OH), eine alkalische Lösung:

Hauptgruppenelemente

$$H_2O + NH_3 \rightarrow NH_4OH$$

Mit Säuren entstehen Ammoniumsalze:

$$HCl + NH_3 \rightarrow NH_4Cl$$
$$H_2SO_4 + 2NH_3 \rightarrow (NH_4)_2SO_4$$

Ammoniak verbrennt mit reinem Sauerstoff zu Stickstoffgas:

$$4NH_3 + 3O_2 \rightarrow 2N_2 + 6H_2O$$

und mit einem Katalysator bei ca. 400 °C zu Stickstoffmonoxid:

$$4NH_3 + 5O_2 \rightarrow 4NO + 6H_2O$$

Ammoniak dient zur Herstellung der Salpetersäure.

Herstellung: Nach dem Haber-Bosch-Verfahren:

$$N_2 + 3H_2 \rightleftharpoons 2NH_3 + E$$

Diese Gleichgewichtsreaktion weist einige Probleme auf: Stickstoff ist reaktionsträge, daher ist ein Katalysator nötig (Fe-Al_2O_3-K_2O), der erst ab 400°C arbeitet; die notwendige Temperaturerhöhung fördert aber den Zerfall des Ammoniaks; die Reaktion verläuft unter Volumenverringerung (4 Raumteile werden zu 2 Rtl.), daher begünstigt hoher Druck die Ausbeute.

Als technisch günstigster Kompromiss haben sich 500 °C und $200 \cdot 10^2$ kPa mit einer Ausbeute von 17,6% erwiesen. Das benötigte Synthesegas wird aus Generatorgas und Wassergas im Verhältnis 1 : 3 gebildet (siehe Kohlenstoffmonoxid):

$$4N_2 + O_2 + 2C \rightarrow 4N_2 + 2CO + E \text{ (Generatorgas)}$$
$$H_2O + C \rightarrow H_2 + CO - E \text{ (Wassergas)}$$

Kohlenmonoxid wird katalytisch zu CO_2 oxidiert und mit NaOH ausgewaschen:
$$7CO + 7H_2O \rightarrow 7CO_2 + 7H_2 + E$$
(zusätzliche H_2-Bildung)

Gesamtreaktion:
$$5(H_2 + CO) + 2(2N_2 + CO) + 7H_2O \rightarrow 7CO_2 + 12H_2$$

Verwendung: Als Kühlmittel in Kältemaschinen; als Edukt vieler Synthesen wie Salpetersäure, Stickstoffdünger usw.

Ammoniakwasser (Salmiakgeist, NH_4OH):
Ammoniakwasser ist eine alkalische, wässrige Lösung von Ammoniak und dient als Reinigungsmittel und zur Herstellung anderer Ammoniumverbindungen.

Ammoniumchlorid (Salmiak, NH_4Cl):
>!< Aus Ammoniak und Chlorwasserstoff gebildet:
$$NH_3 + HCl \rightarrow NH_4Cl$$
Weißes Salz; dient als Lötstein, da es thermisch dissoziiert:
$$NH_4Cl \rightarrow NH_3 + HCl$$
Der entstehende Chlorwasserstoff entfernt Metalloxide, die den Lötvorgang behindern:
$$CuO + 2NH_4Cl \rightarrow CuCl_2 + 2NH_3 + H_2O$$
Das entstandene Kupferchlorid ist leicht flüchtig. Einsatz in Taschenlampenbatterien als Elektrolytflüssigkeit.

Ammoniumsulfat ($(NH_4)_2SO_4$):
>!< Wichtiges Düngersalz; aus ammoniakalischem Gips-

Hauptgruppenelemente

wasser durch Einleitung von CO_2:
$$2NH_3 + H_2O + CO_2 \rightarrow (NH_4)_2CO_3$$
$$(NH_4)_2CO_3 + CaSO_4 \rightarrow CaCO_3 + (NH_4)_2SO_4$$
Dient auch zur Herstellung von Flammenschutzmitteln und Kältemischungen.

Ammoniumnitrat (NH_4NO_3):
>!< Bestandteil von Explosivstoffen; dient der Herstellung von Lachgas (N_2O):
$$NH_4NO_3 \rightarrow 2H_2O + N_2O$$
Außerdem dient es als Stickstoffdüngemittel und zur Herstellung von Kältemischungen.

Ammoniumcarbonat (($NH_4)_2CO_3$):
Dient als Hilfsmittel in der Wollwäscherei, als Beize beim Textilfärben und ist Bestandteil in Feuerlöschern.

Ammoniumhydrogencarbonat (Hirschhornsalz, NH_4HCO_3):
Es zerfällt beim Erhitzen in Gase, daher wird es im Gemisch mit anderen Stoffen als Hirschhornsalz (Backtriebmittel) verwendet:
$$NH_4HCO_3 \rightarrow NH_3 + CO_2 + H_2O$$

Stickstoffdioxid (NO_2):
>!< Rotbraunes, stechend riechendes Gas, sehr giftig; erstarrt beim Abkühlen auf -10,2 °C zu farblosen Kristallen (N_2O_4); entsteht als Bestandteil der „nitrosen

Gase" bei Reaktionen der Salpetersäure z. B. mit Metallen; zerfällt ab 200 °C:

$$2NO_2 \rightarrow 2NO + O_2$$

Stickstoffdioxid ist leicht in Wasser löslich; entsteht durch Oxidation von Stickstoffmonoxid:

$$2NO + O_2 \rightarrow 2NO_2$$

Stickstoffmonoxid (NO):
>!< Farb- und geruchloses Gas; in Wasser kaum löslich; verbindet sich an der Luft sofort zu NO_2:

$$2NO + O_2 \rightarrow 2NO_2$$

Es entsteht bei Verbrennungsvorgängen bei hohen Temperaturen (Verbrennungsmotor bzw. Blitze bei Gewitter); dient wie NO_2 der Salpetersäureherstellung.

☻| Distickstoffmonoxid (Lachgas, N_2O):
Herstellung aus Ammoniumnitrat; erzeugt Rauschzustände beim Einatmen, wird mit Sauerstoff als Narkosemittel und als Treibgas in Sahnepatronen verwendet.

Salpetersäure (HNO_3):
>!< Eigenschaften: Reine Salpetersäure ist farblos, stechend süßlich riechend, an der Luft nebelnd, mit Wasser sehr gut mischbar; färbt sich beim Stehen am Licht gelb. Konzentrierte Salpetersäure wirkt stark oxidierend auf Nichtmetalle und viele Metalle unter Bildung von NO_2, außer auf Chrom (Cr), Gold (Au) und Platin (Pt); auch Aluminium (Al) und Eisen (Fe) werden nicht angegriffen.

Hauptgruppenelemente

Salpetersäure zerstört Eiweiß: Gelbfärbung (dient als Nachweis für die Eiweiß-Xanthoproteinreaktion).
Verdünnte Salpetersäure ist farblos, ätzend, bewirkt Farbänderungen bei Indikatoren, leitet den elektrischen Strom; reagiert mit unedlen Metallen, mit Metalloxiden und mit Metallhydroxidlösungen.
Verdünnte Salpetersäure reagiert nur noch mit unedlen Metallen wie z. B. Zink unter Wasserstoffbildung.

Beispiel für eine Reaktion der konzentrierten Salpetersäure:

$$Pb + 4HNO_3 \rightarrow Pb(NO_3)_2 + 2H_2O + 2NO_2$$

Beispiel für eine Reaktion der verdünnten Salpetersäure:

$$Zn + 2HNO_3 \rightarrow Zn(NO_3)_2 + H_2$$

Herstellung: Aus Luftverbrennung im elektrischen Flammenbogen:

$$N_2 + O_2 \rightarrow 2NO$$
$$2NO + O_2 \rightarrow 2NO_2$$
$$2NO_2 + H_2O \rightarrow HNO_2 + HNO_3$$
$$2HNO_2 + O_2 \rightarrow 2HNO_3$$

Umsetzung von Chilesalpeter ($NaNO_3$) mit konzentrierter Schwefelsäure:

$$NaNO_3 + H_2SO_4 \rightarrow HNO_3 + NaHSO_4$$

Die Ammoniakverbrennung (Ostwald-Verfahren) zu Salpetersäure wird mit einem Katalysator (Platin) bei 600 °C durchgeführt:

$$4NH_3 + 5O_2 \rightarrow 4NO + 6H_2O$$
$$4NO + 2H_2O + 3O_2 \rightarrow 4HNO_3$$

Verwendung: Herstellung von Düngemitteln, Produktion von Sprengmitteln (Dynamit); Herstellung von Arzneimitteln und Farbstoffen; zum Beizen und Ätzen von Metallen; Herstellung von Lösungsmitteln, Kunststoffen.

Königswasser (HNO_3+3HCl):
Dieses Gemisch löst sogar Gold und Platin:
$$HNO_3 + 3HCl \rightarrow NOCl + 2H_2O + 2 <Cl> \text{ (atomares Chlor)}$$
$$Au + 3<Cl> \rightarrow AuCl_3 \text{ (Goldchlorid)}$$

Phosphor, Symbol P (griech. phosphoros = Lichtträger, $_{15}P$):
>!< Eigenschaften: Relative Atommasse 30,97; Dichte 1,82 g/cm^3.

Weißer Phosphor: sehr reaktionsfähig, im Dunkeln leuchtend, selbstentzündlich, sehr giftig; verbrennt an der Luft unter weißer Rauchbildung (P_4O_{10}):
$$P_4 + 5O_2 \rightarrow P_4O_{10}$$
Brennender Phosphor kann nicht mit Wasser, nur mit Sand gelöscht werden.

Roter Phosphor: reaktionsträger als weißer Phosphor; ungiftig; Verwendung in Reibflächen für Zündhölzer, zusammen mit Glaspulver und stärkeähnlichem Bindemittel.

Schwarzer Phosphor: metallähnliche Modifikation, leitet den elektrischen Strom; chemisch unbedeutend.

Hauptgruppenelemente

Herstellung: Weißer Phosphor wird aus hellgrauem Phosporit ($Ca_3(PO_4)_2$) gewonnen, unter Zusatz von Koks und Sand (SiO_2):

$$Ca_3(PO_4)_2 + 3SiO_2 + 5C \rightarrow 3CaSiO_3 + 5CO + 2P$$

Roter Phosphor kann aus Weißem Phosphor mit einem Quecksilber-katalysator hergestellt werden, wenn er 5 Tage auf 380 °C (unter Luftabschluss) erhitzt wird.

Verwendung: Zur Herstellung von Phosphorsäure.

Wichtige Verbindungen:
Phosphorsäure (H_3PO_4):
>!< Eigenschaften: Farblose, wasserklare, harte und geruchlose Kristalle, die an feuchter Luft zerfließen und in jedem Verhältnis in Wasser löslich sind; es entsteht eine sirupartige, saure Lösung; ihre Salze heißen Phosphate, z. B. Na_3PO_4.

Herstellung: Durch Oxidation des Phosphors entsteht formal Phosphorpentoxid (P_2O_5), das mit Wasser zu Phosphorsäure reagiert:

$$P_4 + 5O_2 \rightarrow P_4O_{10}$$
$$P_4O_{10} + 6H_2O \rightarrow 4H_3PO_4$$

Verwendung: Als Säuerungsmittel (ungiftig) in Limonaden, sauren Bonbons; als Rostschutzmittel für Eisen; zur Herstellung von Arzneimitteln, Insektiziden, Porzellankitt,

Emaillen, als Färbereihilfsstoff, Rostumwandler sowie als Zusatz im Backpulver; Phosphate sind wichtige Dünger.

Arsen, Symbol As (griech. arsenicon, $_{33}$As):
>!< Eigenschaften: Gelbes Arsen ist phosphorähnlich, unbeständig und eine nichtmetallische Modifikation; Dichte 1,97 g/cm^3.
Graues Arsen ist eine metallische Modifikation, die stahlgraue, spröde, glänzende Kristalle bildet. Relative Atommasse 74,92; Dichte 5,72 g/cm^3. Beim Erhitzen verbrennt Arsen unter Knoblauchgeruch zu Arsen(III)-oxid:
$$4As + 3O_2 \rightarrow 2As_2O_3$$

Arsen(III)-oxid (Arsenik, As_2O_3):
>!< Eigenschaften: Weißes Pulver bzw. porzellanartige, undurchsichtige, weiße Masse aus Kristallen; äußerst giftig; daher zur Schädlingsbekämpfung eingesetzt.

Antimon, Symbol Sb (lat. stibium = schwarze Schminke, $_{51}$Sb):
>!< Eigenschaften: Relative Atommasse 121,75; Dichte 6,69 g/cm^3; silberweiße, spröde, glänzende Kristalle, mit blättrig-grobkristalliner Struktur; diese metallische Modifikation leitet den elektrischen Strom.
Es verbrennt an der Luft zu Antimon(III)-oxid:
$$4Sb + 3O_2 \rightarrow 2Sb_2O_3$$
Antimon reagiert unter Feuerschein mit Chlorgas:
$$2Sb + 3Cl_2 \rightarrow 2SbCl_3$$

Hauptgruppenelemente

Wismut, Symbol Bi (lat. bismutum, $_{83}$Bi):
>!< Eigenschaften: Relative Atommasse 208,98; Dichte 9,80 g/cm^3; rotstichige silberweiß glänzende, spröde Kristalle; sehr seltenes Metall, das vorwiegend als Legierungsbestandteil verwendet wird. Wismut-Elektroden dienen der pH-Messung.

7. Die VI. Hauptgruppe – Chalkogene

Sauerstoff, Symbol O (griech. oxygenium = Säurebildner, $_8$O):
>!< Eigenschaften: Relative Atommasse 16,00; Dichte 0,0014 g/cm^3; häufigstes Element der Erdkruste, der meiste Sauerstoff ist in Form von Oxiden, wie Silicaten und in Wasser gebunden; etwa 20% der Luft besteht aus Sauerstoff; es ist ein farb-, geruch- und geschmackloses Gas, das sich in Wasser besser löst als Stickstoff (36% Sauerstoff in der im Wasser gelösten Luft); lässt sich bei -183 °C verflüssigen, (dabei ist es eine wasserhelle, schwach bläulich schimmernde Flüssigkeit); bildet zweiatomige Moleküle (O_2).

Sehr reaktionsfähiges Element, besonders in einatomiger Form, wie sie bei manchen chemischen Reaktionen auftritt; chemische Reaktionen mit Sauerstoff nennt man Oxidationen, deren Produkte Oxide; man unterscheidet langsame Oxidationen, z. B. Rosten, von sehr raschen, z. B. Verbrennungen.

Hauptgruppenelemente

☺ In reinem Sauerstoff kommt es zu denselben chemischen Reaktionen wie an der Luft, nur verlaufen erstere rascher. Sauerstoff ist nicht brennbar, fördert aber die Verbrennung.

Herstellung: Vorwiegend aus der Luft durch fraktionierte Destillation nach Linde (siehe Stickstoff); durch Zersetzung sauerstoffreicher Oxide, z. B. Chlorate:
$$2KClO_3 \rightarrow 2KCl + 3O_2$$
Oder durch Elektrolyse von Wasser:
$$2H_2O \rightarrow 2H_2 + O_2$$
Dabei wird Sauerstoff an der Anode entwickelt:
$$2H_2O \rightleftharpoons H_3O^+ + OH^- \text{ (Autoprotolyse)}$$
Kathode: $2H_3O^+ + 2e^- \rightarrow H_2 + 2H_2O$
(Wasserstoffentwicklung)
Anode: $4OH^- \rightarrow O_2 + 2H_2O + 4e^-$

In Atemgeräten wird aus Alkaliperoxiden durch Einwirkung von CO_2 Sauerstoff entwickelt:
$$2K_2O_2 + 2CO_2 \rightarrow 2K_2CO_3 + O_2$$

Verwendung: Sauerstoff wird in nahtlosen Stahlflaschen bei $150 \cdot 10^2$ kPa aufbewahrt; dient zum Schweißen und Schneiden (Sauerstofflanze); als Tauchergas, in Sauerstoffzelten in der Medizin; für den Antrieb von Raketen; in der Metallurgie wird Sauerstoff zur Oxidation der Begleitelemente verwendet.

Hauptgruppenelemente

Wichtige Verbindungen:
Ozon (O_3):
>!< Dreiatomiges Sauerstoff-Molekül mit charakteristischem Geruch, sehr giftig; entsteht bei elektrischen Entladungen, z. B. Gewitterblitzen bzw. durch Einwirkung von UV-Strahlen auf Sauerstoff. Bei gewöhnlicher Temperatur ist es ein farbloses, heftig riechendes Gas.

Verwendung: Zur Desinfektion von Trinkwasser und Schwimmbädern. Entsteht durch fotochemische Reaktion aus Stickoxiden (NO_2 und NO) mit Sauerstoff. Die Ozonschicht in der Stratosphäre filtert gefährliche UV-Strahlen der Sonne.

<u>Bildung von Ozon am Boden:</u>
Ozon entsteht in den Dunstglocken der Städte und Industriegebiete, wenn die Luft viele Schadstoffe enthält. Besonders Stickstoffoxide und Kohlenwasserstoffe aus den Auspuffgasen der Autos tragen bei intensivem Sonnenlicht zur Ozonbelastung bei.

<u>Auswirkungen von bodennahem Ozon:</u>
Die erhöhte Ozonbelastung an heißen Sommertagen kann die Gesundheit des Menschen beeinträchtigen. Von anstrengender körperlicher Tätigkeit im Freien wird abgeraten. Schon ein geringer Ozonanteil in der Luft kann auch Bäume und Pflanzen schädigen. Ozon gilt neben dem sauren Regen auch als Ursache für das Waldsterben.

Hauptgruppenelemente

☺ Ozonloch:
Schon Mitte der 70er-Jahre ließen Messungen in der Antarktis vermuten, dass sich der Ozongehalt in der Stratosphäre verringert. Das über dem Südpol beobachtete Ozonloch war 2001 bereits größer als die Fläche der Vereinigten Staaten. Durch die auffällig verminderte Ozonkonzentration über der Antarktis kann nur ein Teil des ultravioletten Sonnenlichtes, welches Krebs erregend wirken kann, absorbiert werden.

Ursache für den Ozonabbau:
Wegen ihrer chemischen Beständigkeit reichern sich Fluorkohlenwasserstoffe (FCKW) über Jahrzehnte in der Atmosphäre an und können bis in die Ozonschicht aufsteigen. Dort werden Sie durch die energiereiche UV-Strahlung gespalten. Dabei werden Chloratome frei, die in einer Art Kettenreaktion Tausende von Ozonmolekülen zerstören.

Oxide (O_2^-):

?!◁ Alle Verbindungen von Elementen mit Sauerstoff sind Oxide; viele Nichtmetalloxide sind Säureanhydride, d. h. durch Reaktion mit Wasser entstehen die entsprechenden Säuren:

$$SO_2 + H_2O \rightarrow H_2SO_3 \text{ (schweflige Säure)}$$
$$SO_3 + H_2O \rightarrow H_2SO_4 \text{ (Schwefelsäure) usw.}$$

Metalloxide reagieren mit Wasser zu Basen:

$$Na_2O + H_2O \rightarrow 2NaOH$$
$$CaO + H_2O \rightarrow Ca(OH)_2 \text{ usw.}$$

Hauptgruppenelemente

Hydroxide (OH⁻):

>!< Sie enthalten das Hydroxidion (OH⁻) und reagieren in wässriger Lösung alkalisch, soweit sie nicht schwer löslich sind. Sie entstehen durch die Reaktionen der Metalloxide mit Wasser (siehe Oxide). Die Hydroxide der Alkali-, Erdalkali- und Erdmetalle sind (mit wenigen Ausnahmen) in Wasser löslich und bilden Laugen. Schwermetallhydroxide ($Cu(OH)_2$, $Fe(OH)_3$, $Sn(OH)_2$, $Bi(OH)_3$ usw.) sind schwer löslich; sie werden aus den entsprechenden Salzlösungen durch Alkalilaugen ausgefällt:

$$FeCl_3 + 3NaOH \rightarrow Fe(OH)_3 + 3NaCl$$
$$CuSO_4 + 2KOH \rightarrow Cu(OH)_2 + K_2SO_4 \text{ usw.}$$

☺| Schwer lösliche Hydroxide haben oft charakteristische Farben, z. B. $Cu(OH)_2$ blau; $Fe(OH)_2$ grün; $Fe(OH)_3$ rotbraun; $Pb(OH)_2$ weiß.

Schwefel, Symbol S (lat. Sulfur = Schwefel, $_{16}$S):
Große Lagerstätten gibt es in Sizilien, Japan und Texas.

>!< Eigenschaften: Relative Atommasse 32,06; Dichte 2,06 g/cm³; Schwefel bildet 3 Modifikationen: Rhombischer Schwefel (α-Schwefel), monokliner Schwefel (β-Schwefel) und elastischer Schwefel (λ-Schwefel).

Bei Zimmertemperatur ist rhombischer Schwefel die beständigste Modifikation; sie bildet gelbe, spröde,

Hauptgruppenelemente

geruch- und geschmacklose Kristalle, die in Wasser unlöslich, in Alkohol und Ether schwer löslich und in Schwefelkohlenstoff (CS_2) leicht löslich sind. Oberhalb von 96 °C ist der monokline Schwefel beständig; er bildet nadelförmige Kristalle, mit hellgelber Farbe. Der elastische Schwefel entsteht aus Schwefelschmelzen, die plötzlich abgeschreckt werden (in kaltem Wasser). Schwefel verbrennt an der Luft mit blauer Flamme zu Schwefeldioxidgas (SO_2), das sich mit der Luftfeuchtigkeit zu Schwefliger Säure verbindet.

Bei höherer Temperatur verbindet sich Schwefel direkt mit Metallen zu Sulfiden:
$$2Na + S \rightarrow Na_2S$$
Mit Wasserstoffgas reagiert Schwefel zu Schwefelwasserstoffgas (H_2S, äußerst giftig!).

Herstellung: Aus unterirdischen Lagerstätten wird Schwefel mit überhitztem Wasserdampf verflüssigt und hochgetrieben. Schwefelhaltiges Gestein wird erhitzt und die Schwefeldämpfe kondensiert.

Verwendung: Zur Herstellung von Schwefelsäure; zur Vulkanisation von Kautschuk zu Gummi; Farben (Ultramarin); zur Schwarzpulverherstellung und anderem. Ein kleiner Teil Schwefel wird zu pharmazeutischen Präparaten und zu kosmetischen Erzeugnissen verarbeitet.

Hauptgruppenelemente

Wichtige Verbindungen:
Schwefeldioxid (SO_2):
>!< Eigenschaften: Ein farbloses, stechend riechendes, nicht brennbares Gas, das auch die Verbrennung nicht unterhält; in Wasser leicht löslich: Bei 20 °C lösen sich 40 l SO_2-Gas in 1 l Wasser; SO_2 wirkt reduzierend und daher bleichend auf Farbstoffe von Seide und Wolle.

Herstellung: Verbrennung von Schwefel oder schwefelhaltigen Stoffen:
$$S + O_2 \rightarrow SO_2 \text{ bzw.}$$
$$4FeS_2 + 11O_2 \rightarrow 2Fe_2O_3 + 8SO_2$$

Verwendung: Zum „Ausschwefeln" von Weinfässern; zur Herstellung der Schwefelsäure (Zwischenprodukt).

Schweflige Säure (H_2SO_3):
Sie entsteht bei der Reaktion von SO_2 mit Wasser; ist nur in wässriger Lösung beständig; Reduktionsmittel, geht leicht in Schwefelsäure (H_2SO_4) über. Ihre Salze heißen Sulfite, z. B. ist Calciumhydrogensulfit ($Ca(HSO_3)_2$) in der Sulfitlauge der Papierherstellung enthalten.

Schwefelsäure (H_2SO_4):
>!< Eigenschaften: Konzentrierte Schwefelsäure ist eine sirupartige, farblose und geruchlose Flüssigkeit; stark hygroskopisch, sogar aus Verbindungen wird Wasser abgespalten (Verkohlen von Holz und Geweben); bei

Hauptgruppenelemente

dieser Reaktion mit Wasser wird viel Energie freigesetzt, sodass durch lokale Erhitzung beim Eingießen von Wasser auf Schwefelsäure ein Siedevorgang heiße Säure herausspritzen lässt.

☺ „Gieße niemals Wasser auf Säure, sonst geschieht das Ungeheure."

In dieser exothermen Reaktion entstehen Schwefelsäurehydrate ($H_2SO_4 \cdot H_2O$; $H_2SO_4 \cdot 2H_2O$; $H_2SO_4 \cdot 4H_2O$). Schwefelsäure ist eine starke Säure, d. h. in wässriger Lösung vollständig in Ionen zerfallen; sie reagiert daher mit allen Metallen, die in der Spannungsreihe oberhalb des Wasserstoffs stehen (unedle Metalle) unter Wasserstoffgasbildung, z. B.:

$$Zn + H_2SO_4 \rightarrow ZnSO_4 + H_2$$

Dabei sollte die Säure etwas verdünnt sein, da die konzentrierte Säure von dem entwickelten Wasserstoff bis zum Schwefelwasserstoff reduziert wird. Eisen hat eine Sonderstellung: Von konzentrierter Schwefelsäure wird es nicht angegriffen, dagegen von verdünnter.
Metalle, die in der Spannungsreihe unterhalb des Wasserstoffs stehen (edlere Metalle wie Cu, Hg, Ag) reduzieren die Schwefelsäure zu Schwefliger Säure (bzw. zu SO_2):

$$Cu + 2H_2SO_4 \rightarrow CuSO_4 + 2H_2O + SO_2$$

Als schwer flüchtige Säure verdrängt sie die leichter flüchtigen Säuren aus ihren Salzen:

Hauptgruppenelemente

$$H_2SO_4 + CaCl_2 \rightarrow CaSO_4 + 2HCl \text{ bzw.}$$
$$H_2SO_4 + CaF_2 \rightarrow CaSO_4 + 2HF$$
$$H_2SO_4 + Na_2SO_3 \rightarrow Na_2SO_4 + H_2SO_3$$

Salze der Schwefelsäure sind die Sulfate, die als Minerale häufig vorkommen, z. B. Gips $CaSO_4$; Glaubersalz Na_2SO_4; Alaun $K_2SO_4 \cdot Al_2(SO_4)_3 \cdot 24H_2O$.

Herstellung: Aus Schwefeldioxid wird katalytisch Schwefeltrioxid (fest) gewonnen, das in Wasser eingeleitet wird:

$$S + O_2 \rightarrow SO_2$$
$$2SO_2 + O_2 \rightarrow 2SO_3$$
$$SO_3 + H_2O \rightarrow H_2SO_4$$

Als Katalysator dient Vanadiumpentoxid (V_2O_5).

Verwendung: Durch die hygroskopische Wirkung kann Schwefelsäure zum Trocknen von Gasen (außer Ammoniak) verwendet werden; in der Organischen Chemie als Wasser entziehender Hilfsstoff z. B. bei der Veresterung. Einsatz bei vielen Synthesen wie Dünger-, Zellwolle-, Explosivstoff-Herstellung, als Elektrolyt z. B. im Bleiakku usw.

Selen, Symbol Se (griech. selene = der Mond, $_{34}$Se):

>!< Eigenschaften: Relative Atommasse 78,96; Dichte 4,82 g/cm³; seltene graue metallische Modifikation; die rote Modifikation ist nichtmetallisch und unbeständig; wird in Belichtungsmessern eingesetzt, da es bei Belichtung einen zunehmend schwächeren Widerstand hat.

Hauptgruppenelemente

Tellur, Symbol Te (lat. tellus = Erde, $_{52}$Te):
>!< Relative Atommasse 127,60; Dichte 6,25 g/cm³; sehr seltenes Metall; Anwendung in der Halbleitertechnik.

Polonium, Symbol Po ($_{84}$Po):
Radioaktives Element, chemisch bedeutungslos.

8. Die VII. Hauptgruppe – Halogene

Sämtliche Halogene sind zweiatomig, sie erreichen dadurch die Edelgaskonfiguration.

☺ Der Name Halogene stammt aus dem Griechischen (halo = Salz, gennan = erzeugen) und deutet auf den Salzcharakter ihrer Metallverbindungen hin.

Fluor, Symbol F (lat. fluere = fließen, $_9$F):
>!< Relative Atommasse 19,00; Dichte 1,11 g/cm³; reaktionsfähigstes Element; schwach gelbliches Gas (F_2); reagiert mit Wasserstoff sogar im Dunkeln explosionsartig:
$$F_2 + H_2 \rightarrow 2HF$$

☺ Es besitzt einen durchdringenden, chlorähnlichen Geruch. Beim Einatmen ruft es schwere Entzündungen der Atemwege hervor und verursacht bei der Berührung mit der Haut starke Verätzungen.

Fluor kann aus Verbindungen nur durch Elektrolyse her-

Hauptgruppenelemente

gestellt werden. Wichtigste Verbindung ist die Flusssäure (HF), die zum Glasätzen verwendet wird; sie kann nur in Polyethylenflaschen aufbewahrt werden. Natriumfluorid (NaF) wird in kleinen Mengen dem Trinkwasser zur Kariesvorsorge beigemengt. Kyrolith (Natriumhexafluoroaluminat = $Na_3(AlF_6)$) setzt den Schmelzpunkt bei der Aluminiumgewinnung herab.

Chlor, Symbol Cl (griech. chloros = grün, $_{17}$Cl):

>!< Eigenschaften: Relative Atommasse 35,45; Dichte 1,56 g/cm$_3$; gelbgrünes, erstickend riechendes, nicht brennbares Gas (Cl_2), das zweieinhalbmal so schwer wie Luft ist; sehr reaktionsfähiges Gas, das mit fast allen Elementen reagiert, außer den Edelgasen, mit Sauerstoff, Stickstoff und Kohlenstoff reagiert es nur zögernd; in Wasser löst es sich zu Chlorwasser (Gemisch aus hypochloriger Säure (HClO) und Salzsäure):

$$H_2O + Cl_2 \rightarrow HClO + HCl$$

Die hypochlorige Säure zerfällt unter Lichteinwirkung in Salzsäure und atomaren Sauerstoff, der keimtötende und bleichende Wirkung hat:

$$HClO \rightarrow HCl + O$$

Reaktion mit Metallen:

$$Zn + Cl_2 \rightarrow ZnCl_2$$
$$Cu + Cl_2 \rightarrow CuCl_2 \text{ usw.}$$

Reaktion mit Wasserstoff (Chlorknallgas):

$$H_2 + Cl_2 \rightarrow 2HCl$$

Die Reaktion wird durch Licht ausgelöst.

Hauptgruppenelemente

⚠️ Beim Umgang mit Chlor sind wegen seiner Giftigkeit besondere Schutz- und Vorsichtsmaßnahmen erforderlich. Schon weniger als ein Prozent Chlor in der Luft können beim Menschen rasch zum Tode führen, da es Luftwege und Lungenbläschen verätzt.

Herstellung: Durch Chloralkalielektrolyse aus Kochsalzlösung (siehe Natrium); durch Reaktion von Kaliumpermanganat ($KMnO_4$) oder Braunstein (MnO_2) mit Salzsäure:

$2KMnO_4 + 16HCl \rightarrow 2KCl + 2MnCl_2 + 8H_2O + 5Cl_2$ bzw.
$MnO_2 + 4HCl \rightarrow MnCl_2 + 2H_2O + Cl_2$

Verwendung: für unzählige Chlorverbindungen, wie Salzsäure (HCl), Chlorkalk ($Ca(ClO)_2$) sowie für Metallchloride und Chlorverbindungen in der Organischen Chemie; zum Entzinnen von Weißblech; als Desinfektionsmittel für Trinkwasser; als Bleichmittel für Papier und Baumwolle usw.

Chlorwasser und Salzsäure (HCl):

☢️ Chlorwasserstoffgas entsteht durch Verbrennung von Wasserstoff in Chlorgas:

$$H_2 + Cl_2 \rightarrow 2HCl$$

oder aus Chloriden durch konzentriertes H_2SO_4:

$$2NaCl + H_2SO_4 \rightarrow Na_2SO_4 + 2HCl$$

Das Gas ist farblos, stechend riechend, nebelt an der Luft; in Wasser sehr gut löslich (1 l Wasser löst 450 l Chlor-

Hauptgruppenelemente

wasserstoff); dabei entsteht Salzsäure (HCl), die nur in wässriger Lösung existiert (max. 42,7% bei 15 °C). Salzsäure ist eine starke Säure, sie ist in verdünnter Lösung zu 100% dissoziiert (in Ionen zerfallen). Sie reagiert mit unedlen Metallen (Zn, Mg, Fe usw.) unter Wasserstoffgasentwicklung, wobei ihre Salze, die Chloride, entstehen, z. B.: $Mg + 2HCl \rightarrow MgCl_2 + H_2$
Edle Metalle, die in der Spannungsreihe unter Wasserstoff stehen, werden von Salzsäure nicht angegriffen, aber deren Oxide; daher wird Salzsäure zur Reinigung dieser Metalle eingesetzt:

$$CuO + 2HCl \rightarrow CuCl_2 + H_2O$$

Brom, Symbol Br (griech. bromos = der Gestank, $_{35}$Br):
>!< Eigenschaften: Relative Atommasse 79,91; Dichte 3,14 g/cm^3; übel riechende, rotbraune, giftige Flüssigkeit, die leicht Dämpfe entwickelt (Br_2); wirkt ätzend auf die Atemorgane; reagiert mit vielen unedlen Metallen zu Bromiden:

$$Zn + Br_2 \rightarrow ZnBr_2$$

Bromwasserstoff (HBr) ähnelt wie die Bromwasserstoffsäure der entsprechenden Chlorverbindung. Bestimmte Bromverbindungen sind Bestandteile in Beruhigungsmitteln.

Jod, Symbol I (griech. iodeides = violett, $_{53}$I):
>!< Eigenschaften: Relative Atommasse 126,90; Dichte 4,94 g/cm^3; graue metallisch glänzende Kristallplättchen,

die bei Zimmertemperatur in violettes Gas (I_2) übergehen (Sublimieren, d. h. der flüssige Zustand wird ausgelassen); löst sich nur schwer in Wasser (Jodwasser), gut in Alkohol (Jodtinktur), sehr gut in Kaliumjodidlösung (Jod-Jodkali); reagiert wie die übrigen Halogene, nur weniger intensiv; wird zum Nachweis von Stärke verwendet. Jodwasserstoffsäure ist eine sehr starke Säure.

Astat, Symbol At (griech. astaton = das Unbeständige, $_{85}$At):
Radioaktives Element, chemisch unbedeutend.

9. Die VIII. Hauptgruppe – Edelgase

Helium, Symbol He (griech. helios = Sonne, $_2$He):
>!< Relative Atommasse 4,00; Dichte 0,18 g/l.

Verwendung: Helium wird wegen seiner geringen Dichte als Füllgas für Luftschiffe und Ballons benutzt.

Neon, Symbol Ne (griech. neos = neu, $_{10}$Ne):
>!< Relative Atommasse 20,18; Dichte 0,84 g/l.

Verwendung: Neon dient als Kältemittel und zum Füllen von Leuchtstoffröhren und Glühlampen.

Argon, Symbol Ar (griech. argos = träge, $_{18}$Ar):
>!< Relative Atommasse 39,95; Dichte 1,66 g/l.

Hauptgruppenelemente

Verwendung: Argon dient als Schutzgas beim Schweißen; es hält den Sauerstoff von der Schweißstelle ab und schützt das Metall vor der Verbrennung.

Krypton, Symbol Kr (griech. kryptos = verborgen, $_{36}$Kr):
>!< Relative Atommasse 83,80; Dichte 3,48 g/l.

Verwendung: Krypton dient als Füllgas in Glühlampen. Viele Glühlampen werden mit Krypton und Xenon gefüllt, um ein Durchbrennen der Glühwendel zu verhindern. Dadurch kann die Glühtemperatur auf ca. 2500 °C gesteigert werden.

Xenon, Symbol Xe (griech. senos = fremd, $_{54}$Xe):
>!< Relative Atommasse 131,29; Dichte 5,49g/l.

Verwendung: Xenon wird in Elektronenblitzgeräten verwendet.

Radon, Symbol Rn (lat. radius = Strahl, $_{86}$Rn):
Radon ist ein unbeständiges, radioaktives Element.

Die Edelgase sind chemisch unbedeutend; zwar gibt es Verbindungen, vor allem von Xenon (Fluoride und Oxide), sie sind aber nur von theoretischem Interesse. In Entladungsröhren (Neonröhren) leuchten sie mit charakteristischen Farben. Da sie äußerst reaktionsträge sind (Edelgaskonfiguration), bilden sie auch nur einatomige Gase.

XIV. Die Nebengruppenelemente

Dabei handelt es sich um Metalle, die sich durch die Elektronenzahl der vorletzten „Schale" unterscheiden. Da diese Elektronen relativ leicht in die äußerste Schale „angehoben" werden können, haben diese Elemente mehrere Wertigkeiten, je nach Zahl der beanspruchten Elektronen. Dabei gilt die Halbbelegung und die Vollbelegung der vorletzten Schale als energetisch stabil, sodass Valenzelektronen zur Auffüllung „heruntergeholt", oder sechste und siebte Elektronen zu Valenzelektronen „angehoben" werden.

Lanthanide und Actinide sind alle zweiwertig, da von ihnen die drittletzte „Schale" mit Elektronen aufgefüllt wird.

Tabellenausschnitt aus dem PSE (Nebenguppen):

IIIa	IVa	Va	VIa	VIIa	VIIIa			Ia	IIa
$_{21}$Sc	$_{22}$Ti	$_{23}$V	$_{24}$Cr	$_{25}$Mn	$_{26}$Fe	$_{27}$Co	$_{28}$Ni	$_{29}$Cu	$_{30}$Zn
$_{39}$Y	$_{40}$Zr	$_{41}$Nb	$_{42}$Mo	$_{43}$Tc	$_{44}$Ru	$_{45}$Rh	$_{46}$Pd	$_{47}$Ag	$_{48}$Cd
$_{57}$La	$_{72}$Hf	$_{73}$Ta	$_{74}$W	$_{75}$Re	$_{76}$Os	$_{77}$Ir	$_{78}$Pt	$_{79}$Au	$_{80}$Hg
$_{89}$Ac	$_{104}$Db	$_{105}$Jl							

Lanthaniden (sie folgen auf $_{57}$La):

$_{58}$Ce $_{59}$Pr $_{60}$Nd $_{61}$Pm $_{62}$Sm $_{63}$Eu $_{64}$Gd $_{65}$Tb $_{66}$Dy $_{67}$Ho $_{68}$Er $_{59}$Tm $_{70}$Yb $_{71}$Lu

Nebengruppenelemente

Actiniden (sie folgen auf $_{89}$Ac):

$_{90}$Th $_{91}$Pa $_{92}$U $_{93}$Np $_{94}$Pu $_{95}$Am $_{96}$Cm $_{97}$Bk $_{98}$Cf $_{99}$Es $_{100}$Fm $_{101}$Md $_{102}$Na $_{103}$Lr

1. Die Ia – Kupfergruppe

Kupfer, Symbol Cu (lat. cuprum nach Cypern, $_{29}$Cu):

>!< Eigenschaften: Relative Atommasse 107,87; Dichte 8,96 g/cm^3; hellrotes Metall, weich und zäh; hat nach Silber die beste Leitfähigkeit aller Metalle; oxidiert an der Luft zu grüner Patina ($CuCO_3$, $CuSO_4$, $CuCl_2$, $Cu(OH)_2$). Grünspan ist giftiges Kupferacetat ($CuAc_2$, organische Verbindung). Als edles Metall entwickelt es mit Säuren keinen Wasserstoff, es reagiert nur mit oxidierenden Säuren (z. B. HNO_3). Aus Kupfererzen wird es durch Reduktion mit Koks gewonnen:

$$2Cu_2O + C \rightarrow CO_2 + 4Cu$$

Anschließend erfolgt elektrolytische Reinigung.

Verwendung: Als Legierungsbestandteil (Messing 70% Cu + 30% Zn); als Stromleiter (Drähte, Kabel). Wichtige Kupferverbindungen sind Kupfer(I)-oxid (Cu_2O) und Kupfersulfat ($CuSO_4$), das als Schädlingsgift, z. B. gegen Rebläuse an Weinpflanzen, Verwendung findet.

Silber, Symbol Ag (lat. argentum, $_{47}$Ag):

>!< Eigenschaften: Relative Atommasse 107,87; Dichte 10,49 g/cm^3; silberweißes, weiches, sehr dehnbares Me-

Nebengruppenelemente

tall; lässt sich zu feinsten Fäden (Filigrandraht) ausziehen; es ist ein edles Metall, das an der Luft nicht oxidiert (kommt daher auch gediegen, also in elementarer Form vor); Schwärzungen entstehen durch Reaktion von Silber mit Schwefelwasserstoff, wobei Silbersulfid (schwarz) entsteht:

$$4Ag + 2H_2S + O_2 \rightarrow 2Ag_2S + 2H_2O$$

Silber wird nur von heißer Salpetersäure (Scheidewasser) gelöst, es entsteht Silbernitrat:

$$3Ag + 4HNO_3 \rightarrow 3AgNO_3 + NO + 2H_2O$$

Herstellung: Aus den Erzen durch Cyanidlaugerei mit Natriumcyanid:

$$Ag_2S + 4NaCN \rightarrow 2Na[Ag(CN)_2] + Na_2S$$

Anschließend erfolgt die Reinigung durch Elektrolyse.

Verwendung: Als Schmuck, zum Versilbern und Verspiegeln; als Legierungsbestandteil, z. B. Silberamalgam als Plombenmaterial für Zahnfüllungen.

Wichtige Verbindungen sind Silbernitrat ($AgNO_3$ = Höllenstein), das in der Medizin als Ätzmittel verwendet wird. Silberhalogenide werden in der Fotografie als lichtempfindliche Emulsionen eingesetzt, aus denen das Licht schwarze Silberatome entstehen lässt:

$$2AgCl \rightarrow 2Ag + Cl_2$$

Gold, Symbol Au (lat. aurum, $_{79}$Au):

?!◁ Eigenschaften: Relative Atommasse 197,97; Dichte

Nebengruppenelemente

19,32 g/cm³; gelbes, glänzendes und weiches Edelmetall, das sich extrem dünn auswalzen und dehnen lässt; an der Luft und auch in Säuren wird es nicht oxidiert (Ausnahme Königswasser); von Chlorwasser und Kaliumcyanid (KCN) wird Gold angegriffen.

Gold kommt gediegen vor, wird daher wegen seines hohen spezifischen Gewichtes aus dem Gestein ausgewaschen (Schlämmen) oder mit Quecksilber amalgamiert (durch Erhitzen verdampft das Quecksilber) oder durch Cyanidlaugerei gebunden und schließlich elektrolytisch rein gewonnen:

$4Au + 8NaCN + 2H_2O + O_2 \rightarrow 4Na[Au(CN)_2] + 4NaOH$

Verwendung: Als Währungsdeckung; als Schutzschicht beim Vergolden unedlerer Metalle; zu Schmuckzwecken wird Gold mit Silber und Kupfer legiert, da die Legierung härter ist. Der Reinheitsgehalt wird in Karat angegeben (wie bei Silber): 24 Karat ist reines Gold (100%); 18 Karat 75% Gold; 8 Karat 33,3% Gold.

Kolloides Gold gemischt mit Zinndioxid (SnO_2) dient als Cassiusscher Goldpurpur der Herstellung roten Rubinglases.

2. Die IIa – Zinkgruppe

Zink, Symbol Zn (lat. zincum = zackig, $_{30}$Zn):
>!< Eigenschaften: Relative Atommasse 65,37; Dichte 7,14 g/cm³; bläulich weißes Metall, bei Zimmertempera-

tur spröde, bei 100 – 150 °C weich und dehnbar; überzieht sich an der Luft mit einer fest haftenden Schutzschicht aus basischem Zinkcarbonat ($ZnCO_3 \cdot Zn(OH)_2$) und wird daher von Wasser nicht angegriffen: Rostschutz für Eisen; mit Säuren entwickelt Zink als unedles Metall Wasserstoff:

$$Zn + 2HCl \rightarrow ZnCl_2 + H_2$$

Herstellung: Aus Zinkerzen mit Schwefelsäure, anschließende Elektrolyse:

$$ZnCO_3 + H_2SO_4 \rightarrow ZnSO_4 + H_2O + CO_2$$

Verwendung: Als Rostschutz für Eisenbleche z. B. im Fahrzeugbau; als Legierungsbestandteil z. B. Messing (ca. 30% Zink).

Als Zinkverbindungen haben folgende eine Bedeutung: Zinkoxid (ZnO), als weißes Pigment in Malerfarben, in Zinksalbe gegen Brandwunden und als Zusatz bei der Vulkanisation von Kautschuk zu Gummi. Zinkchlorid ($ZnCl_2$), ein Bestandteil des Lötwassers, wird als Flussmittel verwendet. Zinksulfid (ZnS) leuchtet beim Auftreffen von radioaktiver Strahlung und von Röntgenstrahlung auf.

Cadmium, Symbol Cd (griech. cadmia, ein Zinkerz, $_{48}Cd$):

Eigenschaften: Relative Atommasse 112,41; Dichte 8,65 g/cm³; Verwendung für Ni/Cd-Akkus.

Nebengruppenelemente

Quecksilber, Symbol Hg (griech. Hydrargyrum = Wassersilber, $_{80}$Hg):

>!< Eigenschaften: Relative Atommasse 200,59; Dichte 13,53 g/cm^3; einziges bei Zimmertemperatur flüssiges Metall; sehr giftig, verdampft leicht; Quecksilberreste müssen daher vollständig entfernt werden (Amalgambildung mit Zinkpulver).

Verwendung: Als Thermometerfüllung; als Silberamalgam in Zahnfüllungen. Quecksilber(I)-chlorid (Kalomel, HgCl) wird als Elektrodenmaterial verwendet; Quecksilber(II)-oxid (HgO) spaltet beim Erhitzen Sauerstoff ab; Quecksilber(II)-sulfid (HgS) löst sich auch in Säuren nicht, ist daher ungiftig; bekannt als Zinnober, orangerotes Farbpigment.

3. Die IIIa – Scandiumgruppe

Scandium, Symbol Sc (abgeleitet von Scandinavien, $_{21}$Sc):
>!< Relative Atommasse 44,96; Dichte 2,99 g/cm^3.

Yttrium, Symbol Y (von Ytterby, schwed. Ort, $_{39}$Y):
>!< Relative Atommasse 88,91; Dichte 4,47 g/cm^3.

Lanthan, Symbol La (griech. lanthanein = verborgen, $_{57}$La):
>!< Relative Atommasse 138,91; Dichte 6,17 g/cm^3.

Die Lanthaniden (mit der Ordnungszahl 58 – 71) sind chemisch unbedeutend.

Actinium, Symbol Ac (griech. aktionoeis = strahlend, $_{89}$Ac):

Unbedeutend. Actiniden: radioaktive Elemente mit der Ordnungszahl 90 – 103; Uran ($_{92}$U) dient als Ausgangselement für Kernbrennstoffe.

4. Die IVa – Titangruppe

Titan, Symbol Ti (nach Titan, griech. Sagengestalt, $_{22}$Ti):
>!< Eigenschaften: Relative Atommasse 47,88; Dichte 4,51 g/cm^3; relativ häufiges Metall, stahlglänzend, nur bei höherer Temperatur Reaktionen mit Sauerstoff.

Verwendung: Wichtiger Legierungsbestandteil für Stahl, geeignet für Flugzeugbau und Raketentechnik. Titan(IV)-oxid (TiO$_2$) ist ein weißes Farbpigment für gut deckende Anstriche.

Zirkonium, Symbol Zr (nach dem Halbedelstein Zirkon, $_{40}$Zr):
>!< Relative Atommasse 91,22; Dichte 6,49 g/cm^3; grauschwarzes, weiches, glänzendes Metall.

Hafnium, Symbol Hf (nach Hafnia = Kopenhagen, $_{72}$Hf):
>!< Relative Atommasse 178,49; Dichte 13,31 g/cm^3.

Nebengruppenelemente

5. Die Va – Vanadiumgruppe

Vanadium, Symbol V (Vanadis, german. Göttin, $_{23}$V):
>!< Relative Atommasse 50,94; Dichte 6,09 g/cm^3.

Niob, Symbol Nb (nach Niobe, griech. Sagengestalt, $_{41}$Nb):
>!< Relative Atommasse 92,91; Dichte 8,58 g/cm^3.

Tantal, Symbol Ta (nach Tantalus, griech. Sagengestalt, $_{73}$Ta):
>!< Relative Atommasse 180,95; Dichte 16,68 g/cm^3.

6. Die VIa – Chromgruppe

Chrom, Symbol Cr (griech. chromos = Farbe, $_{24}$Cr):
>!< Eigenschaften: Relative Atommasse 52,00; Dichte 7,19 g/cm^3; glänzendes Metall.

Verwendung: Kaliumdichromat ($K_2Cr_2O_7$), ein Oxidationsmittel, wird zum Alkoholnachweis in der Atemluft verwendet – es färbt sich dabei von gelb nach grün; Cr(VI) (gelb) wird zu Cr(III) (grün) reduziert und der Alkohol wird oxidiert; als Korrosionsschutz für Eisen.

Molybdän, Symbol Mo (griech. molybdos = Blei, $_{42}$Mo):
>!< Relative Atommasse 95,94; Dichte 10,28 g/cm^3; wichtiger Legierungsbestandteil im Stahl.

Nebengruppenelemente

Wolfram, Symbol W (nach dem Mineral Wolframit, $_{74}$W):
>!< Relative Atommasse 183,85; Dichte 19,26 g/cm³. Legierungsbestandteil im Stahl.

7. Die VIIa – Mangangruppe

Mangan, Symbol Mn (griech. manganizein = reinigen, $_{25}$Mn):
>!< Relative Atommasse 54,94; Dichte 7,43 g/cm³; in Stahllegierungen.

☺ **Wichtige Verbindungen:** Kaliumpermanganat (KMnO$_4$), wichtiges Oxidationsmittel, z. B. zur Chlorherstellung:

$$2KMnO_4 + 16HCl \rightarrow 2MnCl_2 + 5Cl_2 + 8H_2O + 2KCl$$

Braunstein (MnO$_2$), Oxidationsmittel, als Katalysator für den Wasserstoffperoxidzerfall:

$$2H_2O_2 \rightarrow 2H_2O + O_2$$

Technetium, Symbol Tc ($_{43}$Tc):
>!< Technetium kommt in der Natur nicht vor und kann nur künstlich dargestellt werden; Dichte 11,49 g/cm³.

Rhenium, Symbol Re ($_{75}$Re):
>!< Relative Atommasse 186,21; Dichte 21,03 g/cm³, grau glänzendes und sehr hartes Metall.

Nebengruppenelemente

8. Die VIIIa – Eisen-Kobalt-Nickel-Gruppe

Eisen, Symbol Fe (lat. ferrum = Eisen, $_{26}$Fe):
>!< Eigenschaften: Relative Atommasse 55,85; Dichte 7,86 g/cm^3; häufiges, zähes, silberweißes Metall, magnetisierbar; oxidiert an feuchter Luft (Rosten); muss daher als wichtigstes Metall (Karosseriebau) vor Korrosion geschützt werden; reagiert mit verdünnten Säuren (HCl):
$$2Fe + 6HCl \rightarrow 2FeCl_3 + 3H_2$$

Verwendung: Im Fahrzeugbau; für Eisenkerne in Transformatoren; Werkzeuge; für Stahllegierungen.

☺| **Wichtige Verbindungen:** Eisen(II)-sulfat (FeSO$_4$ · 7H$_2$O), grüne Kristalle, für Eisentinten; Eisen(III)-chlorid (FeCl$_3$ · 6H$_2$O), gelbe Masse, hygroskopisch; dient zum Ätzen von Kupferbeschichtungen in der Elektronik (Platinen):
$$Cu + 2FeCl_3 \rightarrow CuCl_2 + 2FeCl_2$$

Cobalt, Symbol Co (von Kobold, ein Berggeist, $_{27}$Co):
>!< Relative Atommasse 58,93; Dichte 8,90 g/cm^3.

Verwendung: Bestandteil harter Stahllegierungen.

Nickel, Symbol Ni (von Nickel, ein Berggeist, $_{28}$Ni):
>!< Relative Atommasse 58,71; Dichte 8,90 g/cm^3.

Verwendung: Bestandteil von Werkzeugstahl und anderen Sonderlegierungen mit guter Korrosionsbeständigkeit.

Die Platinmetalle Ruthenium (Ru), Rhodium (Rh), Palladium (Pd), Osmium (Os), Iridium (Ir) und Platin (Pt):
Sie gehören zu den edelsten Metallen und werden häufig als Katalysatoren in der Technik eingesetzt.

XV. Schadstoffe und Umwelt

Schadstoffe:
Chemische Elemente oder chemische Verbindungen, die entweder selbst oder durch ihre Abbauprodukte Schäden beim Menschen und in der Umwelt hervorrufen, werden als Schadstoffe bezeichnet. Dabei genügt bereits eine wesentliche Beeinträchtigung des Wohlbefindens, z. B. die Belästigung durch einen unangenehm riechenden Stoff.

Wirkung von Schadstoffen:
Schäden entwickeln sich manchmal erst dann intensiv, wenn mehrere Schadstoffe und bestimmte Bedingungen zusammentreffen, z. B. intensive Sonneneinstrahlung bei Anwesenheit von Stickstoffoxiden und Kohlenwasserstoff-Bildung von Sommersmog (Ozon).
Ob ein Stoff als Schadstoff bezeichnet werden kann, hängt auch entscheidend von seiner Konzentration ab.

Vermeidung von Schadstoffen:
Die Schadwirkung eines Stoffes wird oft erst viele Jahre nach seiner Ingebrauchnahme erkannt (z. B. FCKW). Viele Schadstoffe werden heute nicht mehr verwendet oder in ihrem Einsatz eingeschränkt.

Beispiele: Quecksilber
DDT (Dichlordiphenyltrichlorethan)
PCB (polychlorierte Biphenyle)

Schadstoffe und Umwelt

PCP (Pentachlorphenol)
FCKW

Entsorgung von Schadstoffen:

Um die Lebensqualität zu erhalten, ist eine möglichst vollständige Entsorgung von Schadstoffen nötig.
Aufarbeitung durch: - Recycling (sortenreine Schadstoffe)
- Sammlungen (Schadstoffmobil)
- fachgerechte Entsorgung

Luftverunreinigung und Luftreinhaltung

Luftschadstoffe:

Die Luft wird durch Abgase im Rauch und in Stäuben bedrohlich verunreinigt und belastet.

Schwefeldioxid und Stickstoffoxide verursachen „sauren Regen"; FCKW zerstören die Ozonhülle der Erde; Kohlenstoffdioxid führt zu Klimaveränderungen (Treibhauseffekt); beim Verbrennen von PVC entstehen chlorhaltige Dioxine.

Smog:

Wintersmog (saurer Smog) entsteht durch Rauchgase aus der Ofenheizung und durch Industrieabgase. Er enthält eine hohe Konzentration an Schwefeldioxid, Kohlenstoffmonoxid und Ruß.
Sommersmog (Fotosmog) bildet sich bei hoher Konzen-

Schadstoffe und Umwelt

tration an Autoabgasen und bei intensiver Sonneneinstrahlung. Dieser Smog enthält giftiges Ozon.

Saurer Regen:
Gelangen Schwefeldioxid und Stickstoffoxide in die Atmosphäre, reagieren sie mit der Luftfeuchtigkeit zu Säuren, die zusammen mit den Niederschlägen sauren Regen bilden. Der saure Regen gilt als Hauptverursacher des Waldsterbens.

☻ Die Entstehung von saurem Regen kann eingeschränkt werden, wenn die Emissionen von Schwefeldioxid und Stickstoffoxiden vermindert werden.

Treibhauseffekt:
Die Vorgänge in der Atmosphäre sind mit den Verhältnissen in einem Gewächshaus vergleichbar. Hauptverursacher des Treibhauseffektes sind Wasserdampf, Kohlenstoffdioxid, Methan und FCKW. Kohlenstoffdioxid wirkt wie eine Glasscheibe als Wärmefilter, es hält die Wärmestrahlung zurück.
Man befürchtet, dass die Jahrestemperaturen durch den Treibhauseffekt weiter ansteigen werden.

Stäube:
Stäube sind fein verteilte feste Stoffe in der Luft. Bleihaltige Stäube aus der Verbrennung verbleiten Benzins waren viele Jahre ein Umweltproblem. Auch sehr

Schadstoffe und Umwelt

giftige Dioxine sind staubförmige Luftverunreinigungen. Asbestfasern können nach dem Einatmen Asbestose und Krebs hervorrufen.

☹ Feinstäube mit einem Teilchendurchmesser unter 0,005 mm können durch die Lungenbläschen ins Blut gelangen. Besonders gefährlich sind Stäube der giftigen Schwermetalle Blei, Zink und Cadmium.

Wasserverunreinigung und Wasserschutz

Bedeutung des Wassers:
Sauberes Wasser braucht der Mensch zum Leben und zur Erholung in einer gesunden Umwelt, aber auch zur Herstellung vieler lebensnotwendiger Produkte.
Ohne Wasser ist kein Leben möglich. Der Pro-Kopf-Verbrauch an Trinkwasser hat sich in den letzten Jahrzehnten fast verdoppelt. Die Wasservorkommen werden durch Abwässer und Abfälle, durch Havarien von Öltankern, Pipelines und Tankfahrzeugen gefährlich verunreinigt. In Flüssen, Seen und im Grundwasser reichern sich vielerorts Schadstoffe so stark an, dass die Trink- und Brauchwasserversorgung gefährdet ist.

Gewässerschutz:
Der Schutz der Gewässer ist für das weitere Leben auf der Erde unabdingbar geworden. Jeder kann durch sorgsamen Umgang mit Trink- und Brauchwasser zur Reinhal-

tung der Gewässer beitragen. Eine regelmäßige und sorgfältige Untersuchung der Gewässer und die Einhaltung der Schadstoff-Grenzwerte sichert die Qualität des Trinkwassers.

Abwasseraufbereitung:
Nach jeder Nutzung ist das Wasser durch Schadstoffe belastet. Kommunale Abwässer und Industrieabwässer müssen in Kläranlagen gereinigt werden, bevor man sie in die Oberflächengewässer einleitet. Über 90% der anfallenden Abwässer werden heute in Kläranlagen gereinigt.

Anhang

Abkürzungen

Abk.	Abkürzung
AE	Aktivierungsenergie
allg.	allgemein
amerik.	amerikanisch
arab.	arabisch
best.	bestimmt
bzw.	beziehungsweise
ca.	circa
DDT	Dichlordiphenyltrichlorethan
dest.	destilliert
d. h.	das heißt
E	Energie
FCKW	Fluorkohlenwasserstoff
fl.	flüssig
german.	germanisch
griech.	griechisch
hebr.	hebräisch
katalyt.	katalytisch
konst.	konstant
konz.	konzentriert
lat.	lateinisch
max.	maximal
MWG	Massenwirkungsgesetz
Ox.-zahl	Oxidationszahl
p	Druck

Anhang

PCB	polychlorierte Biphenyle
PCP	Pentachlorphenol
pers.	persisch
PSE	Periodensystem der Elemente
PVC	Polyvinylchlorid
röm.	römisch
Rtl.	Raumteil
schott.	schottisch
schwed.	schwedisch
Smp.	Schmelzpunkt
sog.	so genannt
Stoffgl.	Stoffgleichung
T	Temperatur
t	Zeit
u. a.	und andere(n)
usw.	und so weiter
UV	ultraviolett
V	Volumen
v	Reaktionsgeschwindigkeit
verd.	verdünnt
vgl.	vergleiche
z. B.	zum Beispiel

Chemische Größen

c_x	Stoffmengenkonzentration, Molarität
E	Potenzial einer Redoxreaktion
E_0	Normalpotenzial einer Redoxreaktion
ε	Potenzial eines Halbelements

Anhang

ε_0	Normalpotenzial eines Halbelements
H	Enthalpie
ΔH_B	Molare Bildungsenthalpie
ΔH_R	Molare Reaktionsenthalpie
ΔH_V	Molare Verbrennungsenthalpie
K	Gleichgewichtskonstante
K_B	Basenkonstante
K_S	Säurekonstante
L	Löslichkeitsprodukt
M	Molare Masse
m	Masse
m_A	Relative Atommasse
m_M	Relative Molekülmasse
N_A	Loschmidt'sche Zahl
n	Stoffmenge
pk_B	Basenexponent
pk_S	Säureexponent
pH	pH-Wert
S	Entropie
ΔU_R	Molare Reaktionsenergie
V_m	Molvolumen, molares Volumen

Register

A

Abdampfen	10
Abwasseraufbereitung	176
Acetat	68
– puffer	68
Acetylen	124
Acetylid	125
Achat	127
Actinide	162
Actinium	167
Aggregatzustand	11
Aktivierungsenergie	35
Alabaster	105
Alaun	154
Alkali	
– metall	88
– peroxid	147
– silicat	130
alkalische Reaktion	49
Alkoholnachweis	168
Aluminat	111
Aluminium	110
– acetat	114
– bronze	113
– oxid	113
Amalgam	92
Amethyst	127
Ammoniak	137
– verbrennung	142
– wasser	139
Ammonium	139
– hydrogencarbonat	140
– nitrat	140
– sulfat	139
Analyse	12
Anion	19
Anode	19
Antichlor	96
Antimon	145
– (III)– oxid	145
Aquamarin	100
Argon	159
Arrhenius	48
Arsen	145
– (III)– oxid	145
Arsenik	145
Asbest	131
– faser	175
Astat	159
Atom	14
– bau	15
– bindung	40
– ion	18
– kern	15
– masse, relative	27

Register

– rumpf	46	– polare	44
– wertigkeit	42	Blattaluminium	111
atomare Massen-		Blausäure	124
einheit	27	Blei	134
Ätzkalk	105	– acetat	135
Ätznatron	91	– akkumulator	75
Autoprotolyse	67	– carbonat	135
Avogadro	23	– glanz	135
		– hydroxid	135
B		– (II)-sulfat	135
Barium	107	– tetraethyl	136
– nitrat	107	Bohr, Niels	16
– sulfat	107	Bor	107
Basalt	130	– carbid	110, 125
Base(n)	49	– säure	109
– konstante	65	– Tonerde-Glas	129
– rest	51	– trioxid	108
– stärke	65	Borax	109
Batterie	74	Boyle-Mariotte	22
Bauxit	110, 113	Branntkalk	103
Bergkristall	127	Braun, Prinzip von	61
Beryll	100	Braunstein	157
Beryllium	100	Brennstoff-Zelle	77
– bronze	100	Brillant	116
– hydroxid	100	Brom	158
– oxid	100	– wasserstoff	158
Bindigkeit	42	– – säure	158
Bindung	39	Brönsted	50

Register

C

Cadmium	165
Calcium	102
– carbid	104, 125
– carbonat	103
– chlorid	106
– hydrogencarbonat	104
– hydrogensulfit	152
– hydroxid	105
– oxid	103
– sulfat	106
Carbid	125
Carbonat	122
– puffer	68
– verfahren	93
Cäsium	99
Chilesalpeter	96
Chlor	156
– alkalielektrolyse	91, 157
– gas	156
– kalk	105
– wasser	156
– wasserstoffgas	157
Chrom	168
Citrin	127
Cobalt	170
Computerchip	127
Cyanid	124
– laugerei	124, 163
Cyanwasserstoff	124

D

Dekantieren	10
Destillation	8
Destillierkolben	8
Deuterium	85
Diamant	115
Diaphragmaverfahren	91
Dihydrogenphosphat	68
Dioxin	175
Dipol	45
Distickstoffmonoxid	141
Dolomit	123
Doppelbindung	42
Dreifachbindung	42
Dynamit	143

E

Edelgas	159
– konfiguration	18
Edukt	12, 26
Eisen	170
– (III)-chlorid	170
– oxid	79
– phosphat	8
– (II)-sulfat	17

Elektrode	70	Essigsäure	68
Elektrolyse	76	essigsaure Tonerde	114
Elektrolyt	70	Ethin	124
Elektron(en)		Exotherme Reaktion	33
– affinität	19	Explosion	36
– gas	46		
– hülle	16	**F**	
– paar	41	FCKW	149
– – bindendes	41	Feldspat	131
– – freies	41	Ferrobor	108
– verteilung	43	Feststofflösung	8
Elektronegativität	44	Feuerstein	127
Elementarladung	39	Filigrandraht	163
Element	14	Filtrat	9
– galvanisches	70	Filtration	9
– symbol	14	Fixiernatron	95
Eloxieren	111	Fixiersalz	96
Email	145	Fluor	155
Emaillieren	80	– kohlenwasserstoff	149
Emulsion	8	Flüssigkeitsgemenge	8
Endotherme Reaktion	33	Flusssäure	128, 156
Energie	34	Formale Ladung	43
– niveauschema	36	Fotoelektrischer	
Enthalpie	33	Effekt	99
Entropie	38	Fotografie	163
Erdalkalimetall	100	Fotosmog	173
Erdmetall	107	Francium	99
Erstarren	12	Fulleren	118

Register

G
Gallium	114
Galvanisches Element	70
Galvanisieren	80
Gas	
– gesetz	22
– gleichung	23
– mischung	8
Gay-Lussac	23
Gemenge	8
– heterogenes	7
– homogenes	8
Generatorgas	121
Germanium	132
Gesamthärte	87
Gesättigte Lösung	62
Gewässerschutz	175
Gips	105
Glas	8
– herstellung	128
Glaubersalz	95
Gleichgewicht(s)	59
– chemisches	59
– konstante	61
Glimmer	131
Gneis	130
Gold	163
– kolloides	164
Granit	130
Graphit	116
Grenzformel	43
Grünspan	162

H
Haber-Bosch-Verfahren	138
Hafnium	167
Halbbelegung	161
Halbedelstein	125
Halbelement	70
Halbleiter	108, 125, 133
Halogen	155
Hämoglobin	120
Hauptgruppe(n)	82
– element	85
Hauptquantenzahl	16
Härte	108
– permanente	87
– temporäre	87
Helium	159
Heterogenes Gemenge	7
Hinreaktion	59
Hirschhornsalz	140
Höllenstein	16
Homogenes Gemenge	8
Humboldt	2

Hydrathülle	46	**K**	
Hydrierungsmittel	86	Kali-Blei-Glas	129
Hydrogen		Kali-Kalk-Glas	129
– carbonat	104	Kalilauge	98
– phosphat	68	Kalium	97
Hydroxid	150	– chlorid	97
hygroskopisch	91, 152	– cyanid	124
		– dichromat	168
I		– jodat	98
Index	25	– jodid	98
Indikator	68	– permanganat	157, 169
Indium	114	Kalk	104
Industriediamant	116	– brennen	104
Inhibitor	38	– kreislauf	87
Instabiler Zustand	37	– spat	104
Ion		– stein	102, 123
– bindung	39	– wasser	105
– gitter	40	Kalomel	166
– wertigkeit	39	Karat	164
Ionisierungs-		Katalysator	37
energie	19, 40	Katalyse	37
Iridium	171	Kathode	18
Isotop	15	Kation	18
		Keramik	131
		Kernit	110
Jenaer Glas	129	Kieselsäure	129
Jod	158	Knallgasreaktion	87
Jod-Jodkali-Lösung	98	Kochsalz	89

Register

Koeffizient	26
Kohlensäure	119, 122
Kohlenstoff	115
– dioxid	119
– monoxid	120
Koks	125
Kondensieren	12
Königswasser	143
Korrosion(s)	78
– schutz	80
Korund	113
Kreide	104, 123
Kristallgitter	40
Kristallwasser	93, 106
Kropfbildung	98
Kryolith	156
– verfahren	112
Krypton	160
Kugelschale	16
Kupfer	162
– acetat	162
– erz	162
– Normalelektrode	70
– (I)-oxid	162
– sulfat	162

L

Lachgas	141
Lackmus	48, 68
Ladung	
– formale	43
– negative	39
– positive	39
Lanthan	166
Lanthanide	161
Lauge	49
Le Chatelier, Prinzip von	61
Leclanché-Element	74
Legierung	8
Leichtmetall	111
Leitfähigkeit, elektrische	111
Letternmetall	135
Linde, Carl von	147
– verfahren	137
Lithium	88
– oxid	88
Lokalelement	78
Löschkalk	105
Loschmidt'sche Zahl	29
Löslichkeitsprodukt	62
Luft	17?
– schadstoff	17?

M

Magnesia	10?
– pulver	10?

Register

– rinne	102
– stäbchen	102
Magnesit	122
Magnesium	101
– oxid	102
– sulfat	95
Mangan	169
Marienglas	106
Marmor	104, 123
Massenwirkungsgesetz	60
Mehrfachbindung	42
Mennige	80, 136
Mesomerie	43
– pfeil	43
Messing	162, 166
Metall	
– atom	46
– bindung	46
Metastabiler Zustand	36
Methan	41
Methylorange	68
Mischelement	27
Mol	28
– volumen	28
– Bildungsenthalpie	34
Molare Masse	28
Molares Volumen	28
Molekül	20
– ion	20
– masse, relative	27
Molybdän	168
Morion	127

N

Natrium	88
– amalgam	89
– bicarbonat	94
– carbonat	93
– chlorid	89
– cyanid	124
– fluorid	156
– hydrogencarbonat	94
– hydroxid	91
– nitrat	96
– sulfat	95
– sulfit	96
– thiosulfat	95
Natron	94
Natron-Kalk-Glas	129
Natronlauge	91
Nebel	7
Nebengruppe(n)	161
– element	161
Neon	159
– röhre	160
Nernstsche Gleichung	73

Register

Neutralisation	51	– schicht	101, 110
Neutron(en)	15	Oxoniumion	48
– zahl	16	Ozon	148
Nichtleiter	115	– abbau	149
Nichtmetallatom	40	– hülle	173
Nickel	170	– konzentration	149
– platte	77	– loch	149
Niederschlag	63	– schicht	149
Niob	168		
nitrose Gase	140	**P**	
Normal		Palladium	171
– elektrode	70	Partialladung	45
– potenzial	71	– negative	45
– wasserstoffelektrode	70	– positive	45
Nukleon	15	Patina	162
Nutsche	9	Pauling, Linus	45
		Perborat	110
O		Periode(n)	82
Onyx	127	– system	14, 82
Opal	127	Permanentweiß	107
Ordnungszahl	83	Phenolphthalein	68
Orthokieselsäure	129	Phosphat	144
Osmium	171	– puffer	68
Ostwald-Verfahren	142	Phosphor	143
Oxidation(s)	52, 54	– roter	144
– mittel	53	– schwarzer	144
– zahl	54	– weißer	144
Oxid	149	Phosphorit	144

Register

Phosphorpentoxid	144	– (II)-oxid	166
Phosphorsäure	144	– (II)-sulfid	166
pH-Wert	66		
Platin	171	**R**	
– metall	171	Radium	107
Polarisation	76	Radon	160
Polonium	155	Rauch	7
Porphyr	130	– topas	127
Porzellan	131	Reaktion (s)	
– schale	10	– endotherme	33
– trichter	9	– energie, molare	34
Potenzial	70	– enthalpie, molare	33
Pottasche	122	– exotherme	33
Produkt	12, 26	– geschwindigkeit	60
Protolyse	50	– gleichung	26
Proton(en)	15	– wärme	33
– akzeptor	50	Recycling	173
– donator	50	Redoxreaktion	52
– zahl	15	Reduktion(s)	52
Puffer	68	– mittel	53
– lösung	68	Registrierformel	44
		Reinstoff	9
Q		Reinstsilicium	127
Quarz	127	Resublimieren	12
– glas	128	Rhenium	168
– sand	127	Rhodium	171
Quecksilber	166	Rohsilicium	126
– (I)-chlorid	166	Rost	79

Register

Rubidium	99	Schadstoff	172
Rubin	114	Schale	16
– glas	164	Schamott	131
Rückreaktion	59	Scheidewasser	163
Ruß	118	Schmelzelektrolyse	99, 112
Rutherford E.	15	Schmelzen	11
Ruthenium	171	Schwefel	150
		– dioxid	152
S		– elastischer	150
Salmiak	139	– kohlenstoff	123
– geist	139	– monokliner	150
Salpetersäure	141	– rhombischer	150
Salz	49	– säure	152
Salzsäure	157	– – hydrat	153
Sand	101, 104	– trioxid	154
Saphir	114	– wasserstoff	163
Sauerstoff	146	Schweflige Säure	152
Säure	48	Schwermetall	
– anhydrid	149	– hydroxid	150
– Base-Paar	51	Schwerspat	107
– exponent	65	Selen	154
– hypochlorige	156	Siedepunkt	9
– konstante	64	Silber	162
– rest	51	– amalgam	163
– stärke	64	– nitrat	163
saure Reaktion	48	– sulfid	163
saurer Regen	173	Silicagel	130
Scandium	166	Silicat	130

– künstliches	131	– dioxid	140
– natürliches	130	– monoxid	141
Silicium	125	Stoffausgleich	57
– carbid	125	Stoffmenge	27
– dioxid	127	Strontium	106
Silicon	127	– nitrat	106
Smaragd	100	Strukturformel	44
Smog	173	Synthesegas	121
Soda	94		
Solvay-Verfahren	94		
Spannungsreihe	71		
Sublimieren	12		
Sulfit	152		
– lauge	152		
Suspension	7		
Symbol	25		
Synthese	13		
– gas	121		

T

Tanninverbindung	81
Tantal	168
Taschenlampenbatterie	74
Technetium	169
Tellur	155
Tetraborat	109
Tetraeder	130
Thallium	115
Thermit-Verfahren	113
Titan	167
– (IV)-oxid	167
Ton	131
– erde	113
– – essigsaure	114
Treibhauseffekt	174
Trichlorsilan	126
Tritium	85
Trockeneis	119

St

Stabiler Zustand	37
Stahl	170
Stanniol	133
Stärkenachweis	98
Staub	174
Steinsalz	89
Steinzeug	131
Stickstoff	136

Register

U/V/W

Ultramarin	151
Umsetzung	13
Umwelt	172
Valenzelektron	17
Valenzstrichformel	41
Vanadium	168
– pentoxid	154
Van-der-Waals-Kräfte	46
Verbrennungsenthalpie	35
Verdampfen	12
Vereinigung	13
Vorlage	8
Vollbelegung	161
Vulkanisation	151
Wafer	127
Waldsterben	174
Wasser	85, 175
– härte	87
– schutz	175
– stoff	85
Weichlot	134
Weißblech	134
Wertigkeit	29
Wismut	146
Wolfram	169
– carbid	125

X/Y/Z

Xanthoproteinreaktion	142
Xenon	160
Yttrium	166
Zement	131
Zelle	77
– alkalische	78
– saure	77
Zentrifugieren	10
Zersetzung	12
Zink	164
– carbonat	165
– chlorid	165
– normalelektrode	70
– oxid	165
– spat	122
– sulfid	165
Zinn	133
– bronze	134
– erz	134
– geschrei	133
Zirkonium	167
Zustand(s)	
– änderung	11
– art	11
– instabiler	37
– metastabiler	36
– stabiler	37